essentials

essentials liefern aktuelles Wissen in konzentrierter Form. Die Essenz dessen, worauf es als „State-of-the-Art" in der gegenwärtigen Fachdiskussion oder in der Praxis ankommt. *essentials* informieren schnell, unkompliziert und verständlich

- als Einführung in ein aktuelles Thema aus Ihrem Fachgebiet
- als Einstieg in ein für Sie noch unbekanntes Themenfeld
- als Einblick, um zum Thema mitreden zu können

Die Bücher in elektronischer und gedruckter Form bringen das Expertenwissen von Springer-Fachautoren kompakt zur Darstellung. Sie sind besonders für die Nutzung als eBook auf Tablet-PCs, eBook-Readern und Smartphones geeignet. *essentials:* Wissensbausteine aus den Wirtschafts-, Sozial- und Geisteswissenschaften, aus Technik und Naturwissenschaften sowie aus Medizin, Psychologie und Gesundheitsberufen. Von renommierten Autoren aller Springer-Verlagsmarken.

Weitere Bände in der Reihe http://www.springer.com/series/13088

Karim Ghaib

Das Power-to-Methane-Konzept

Von den Grundlagen zum gesamten System

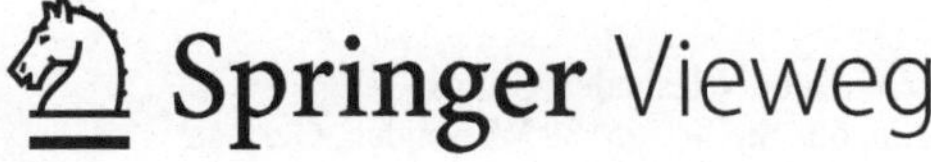

Karim Ghaib
Düren, Deutschland

ISSN 2197-6708 ISSN 2197-6716 (electronic)
essentials
ISBN 978-3-658-19725-4 ISBN 978-3-658-19726-1 (eBook)
https://doi.org/10.1007/978-3-658-19726-1

Die Deutsche Nationalbibliothek verzeichnet diese Publikation in der Deutschen Nationalbibliografie; detaillierte bibliografische Daten sind im Internet über http://dnb.d-nb.de abrufbar.

Springer Vieweg

Gedruckt auf säurefreiem und chlorfrei gebleichtem Papier

Springer Vieweg ist Teil von Springer Nature
Die eingetragene Gesellschaft ist Springer Fachmedien Wiesbaden GmbH
Die Anschrift der Gesellschaft ist: Abraham-Lincoln-Str. 46, 65189 Wiesbaden, Germany

Was Sie in diesem *essential* finden können

- Einen umfassenden aktualisierten Stand der Technik des Power-to-Methane-Konzepts
- Grundlagen der Wasserelektrolyse und Stand der Zelltechnik
- Potenzielle CO_2-Quellen und CO_2-Trenntechnologien
- Fundamente der Methanisierung und Stand der Katalyse- und Reaktortechnik
- Darstellung verschiedener Power-to-Methane-Analgen

Vorwort

Die regenerativen Energiequellen sind zumindest im Fall von Wind und Sonnenstrahlung bekanntlich abhängig von Tageszeiten, Jahreszeiten, räumlicher Lage und Wetter und stehen selten bedarfsgerecht zur Verfügung. Diese Unstimmigkeit muss ausgeglichen werden bzw. der Energieüberschuss muss anderweitig genutzt werden. Hier könnte Power-to-Methane eine wichtige Rolle in Zukunft spielen.

Dieses *essential* möchte die wesentlichen technischen Informationen über das Power-to-Methane-Konzept geben. Der technische Stand der Power-to-Methane-Prozesskette wird dargestellt und bewertet. Fachleute werden in dem *essential* eine verlässliche technische Grundlage für ihre Überlegungen und Strategien finden.

Düren
August 2017

Karim Ghaib

Inhaltsverzeichnis

Einleitung 1

Bei steigendem Anteil erneuerbares Stroms aus Sonnen- und Windenergie wird der Überschuss elektrischer Energie eine Herausforderung sein, die gelöst werden muss. Eine vielversprechende Lösung, die zunehmend an Bedeutung gewinnt, ist Power-to-X.

Power-to-X ist ein Sammelbegriff verschiedener Technologien zur Speicherung bzw. anderweitigen Nutzung von überschüssiger elektrischer Energie. Zu den Power-to-X-Technologien zählt Power-to-Methane (PtM), das vor allem in den Regionen, in denen eine Erdgasinfrastruktur existiert, als attraktive Lösung gilt.

Abb. 1.1 zeigt das Prinzip des PtM-Konzepts. Eine PtM-Anlage besteht im Wesentlichen aus einem Wasserelektrolyseur, einer CO_2-Aufbereitungseinheit (wenn CO_2 in einem ungeeigneten Gasgemisch vorhanden ist) und einem Methanisierungsreaktor (Ghaib et al. 2016b). In Zeiten des überschüssigen Stroms wird H_2 durch die Wasserspaltung im Elektrolyseur erzeugt. Der erzeugte H_2 und CO_2 werden im Methanierungsreaktor in ein Gasgemisch, das hauptsächlich aus CH_4 und H_2O besteht umgewandelt. Das Produktgas wird zu einem methanreichen Gas, dem sogenannten synthetischen Erdgas (synthetic natural gas; SNG), aufbereitet (die Aufbereitungseinheit ist nicht in der Abbildung dargestellt). Das erzeugte SNG kann als Kraftstoff für den Transport, als Brennstoff im Wohnbereich und zur Stromerzeugung bei Strombedarf, sowie als Rohstoff in der Industrie verwendet werden.

Das Ziel des vorliegenden *essentials* ist es, einen umfassenden aktualisierten Stand der Technik des PtM-Konzepts, der dem Leser ein strukturiertes technisches Verständnis des Konzepts verleiht, zu präsentieren. Die Arbeit ist wie folgt aufgebaut. Die Wasserelektrolyse wird in Kap. 2 angegangen. CO_2 für PtM wird in Kap. 3 diskutiert. Die Methanisierung wird in Kap. 4 veranschaulicht. PtM-Anlagen in Betrieb und im Bau werden in Kap. 5 kurz dargestellt. Abschließend wird die Arbeit in Kap. 6 zusammengefasst.

K. Ghaib, *Das Power-to-Methane-Konzept,* essentials,
https://doi.org/10.1007/978-3-658-19726-1_1

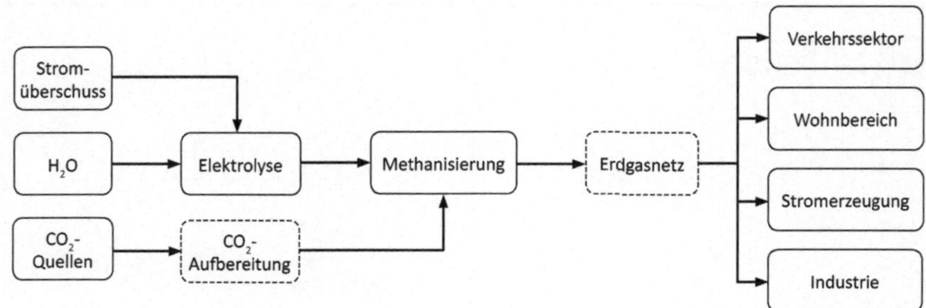

Abb. 1.1 Power-to-Methane-Konzept

Wasserelektrolyse 2

Die Umwandlung von elektrischer in chemische Energie in Form von Wasserstoff, die Wasserelektrolyse, kann als die erste Stufe der PtM-Prozesskette angesehen werden. Abb. 2.1 zeigt ein typisches Schema der Wasserelektrolyse-Systeme. Ein System besteht hauptsächlich aus einem Elektrolyse-Zellstapel, einem Ionenaustauscher, H_2- und O_2-Separatoren und einem Stromrichter (Smolinka 2009). Mehrere Zellen werden aufgrund der niedrigen Zellspannung in Reihe gestapelt. Jede Zelle besteht wiederum aus einer Kathode, einer Anode und einem Elektrolyten dazwischen.

Die meistdiskutierten Zelltechnologien sind die alkalische Elektrolyse (alkaline electrolysis: AEL), die Polymerelektrolytmembran-Elektrolyse (polymer electrolyte membrane electrolysis: PEMEL) und die Festoxid-Elektrolyse (solid oxide electrolysis: SOEL). Die ersten beiden Typen werden als Niedertemperatur-Elektrolysezellen kategorisiert (Wendt und Vogel 2014), da sie bei Temperaturen unter 100 °C betrieben werden. Der dritte Typ wird als Hochtemperatur-Elektrolysezelle kategorisiert; die Zelle wird bei Temperaturen bis 1000 °C betrieben (Millet und Grigoriev 2013). In diesem Abschnitt werden zunächst Grundlagen der Wasserelektrolyse veranschaulicht. Die drei Elektrolysetechnologien werden dann angegangen und verglichen.

2.1 Grundlagen

Die Reaktionsgleichung der Wasserelektrolyse kann wie folgt dargestellt werden:

$$H_2O \rightarrow H_2 + 0{,}5O_2 \quad (2.1)$$

K. Ghaib, *Das Power-to-Methane-Konzept*, essentials,
https://doi.org/10.1007/978-3-658-19726-1_2

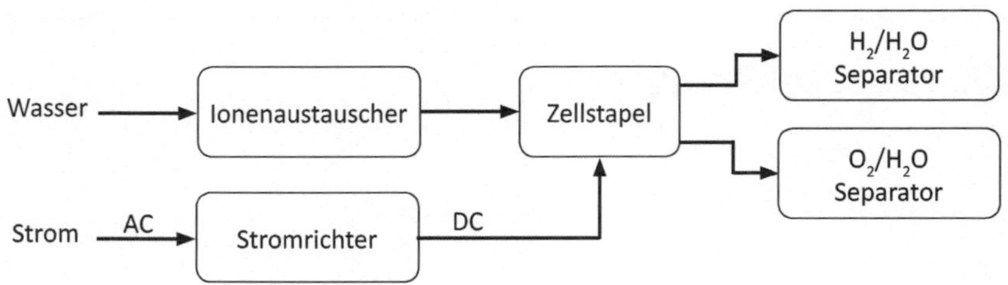

Abb. 2.1 Typisches Schema der Wasserelektrolyse-Systeme

Nach dem Faraday'schen Gesetz der Elektrolyse (Revankar und Majumdar 2014) ist die Beziehung zwischen der an einer Kathode erzeugten Masse von Wasserstoff (m_{H_2}) und der durch die Kathode passierten elektrischen Ladung (Q) wie folgt:

$$m_{H_2} = \frac{M_{H_2} Q}{zF} \tag{2.2}$$

wobei M_{H_2} die Molmasse von Wasserstoff ist, z die Anzahl der an der elektrochemischen Reaktion (Gl. 2.1) beteiligten Elektronen und F die Faraday-Konstante.

Die zur Wasserzersetzung thermodynamisch maximale benötigte Zellspannung (thermoneutrale Zellspannung [V_{tn}]) ist proportional zur Wasserzersetzungsenthalpie (ΔH_R) (Leroy et al. 1980):

$$V_{tn} = \frac{\Delta H_R}{zF} \tag{2.3}$$

Die Teilchenzahl nimmt bei der Wasserelektrolyse ab. Das heißt, die Entropieänderung der Wasserelektrolyse ist positiv, was wiederum bedeutet, dass ein Teil der benötigten Energie für die Wasserzersetzung als thermische Energie aufgebracht werden kann. Die maximale Wärmemenge entspricht dem Produkt der Entropieänderung der Reaktion (ΔS_R) und der absoluten Temperatur (T_K).

Nach dem zweiten Satz der Thermodynamik ist (Atkins und Paula 2006):

$$\Delta H_R - T_K \Delta S_R = \Delta G_R \tag{2.4}$$

wobei ΔG_R die Gibbs-Energie der Wasserzersetzungsreaktion ist.

Die Gibbs-Energie ist proportional zur minimalen Zellspannung (reversible Zellspannung [V_r]), die benötigt wird, um Wasser elektrolytisch zu zersetzen (Dale et al. 2008):

$$V_r = \frac{\Delta G_R}{zF} \tag{2.5}$$

Abb. 2.2a zeigt die Temperaturabhängigkeit von V_{tn} und V_r bei 1 bar. Die abrupten Änderungen von V_{tn} und V_r bei etwa 100 °C sind auf die Änderung des H_2O-Zustandes von Flüssigkeit zu Dampf zurückzuführen. Wenn $V < V_r$, wobei V die an die Elektrolysezelle angelegte Spannung ist, kann keine Spaltung von H_2O auftreten. Wenn $V_r \leq V < V_{tn}$, ist die Elektrolyse von H_2O durch Zugabe von Wärme möglich. Wenn $V_{tn} \leq V$, erfolgt die Wasserelektrolyse bei konstanter Temperatur ($V_{tn} = V$) bzw. unter Wärmeabfuhr ($V_{tn} < V$).

In der Praxis ist die Spannung einer Elektrolysezelle deutlich höher als die reversible Zellspannung. Dies liegt zum einen an der Überspannung zwischen der Anode und Kathode, die aufgrund von Elektronendurchtrittshemmungen der elektrochemischen Reaktionen zustande kommt (Jeremiasse et al. 2009). Zum anderen ruft der Ohmsche Widerstand der Zelle (Elektrolyte, Separator und Elektroden) einen weiteren Spannungsverlust hervor (Marangio et al. 2009). Somit setzt sich die reale Zellspannung aus der Summe der reversiblen Zellspannung, des ohmschen Spannungsverlusts und der Überspannung zwischen der Anode und Kathode zusammen.

Ein wichtiges technisches Bewertungskriterium für die Wasserelektrolyse ist die Strom-zu-H_2-Effizienz. Diese kann als das Verhältnis der reversiblen bzw. thermoneutralen Zellspannung zur realen Zellspannung berechnet werden. Wird der erzeugte Wasserstoff in einer nachgeschalteten Anwendung zur Erzeugung elektrischer Energie verwertet, z. B. durch Umwandlung in einer Brennstoffzelle, wird die reversible Zellspannung genutzt. Wird der Energieträger zum anderen Energieträger wie z. B. im PtM-Verfahren umgewandelt, wird die thermoneutrale

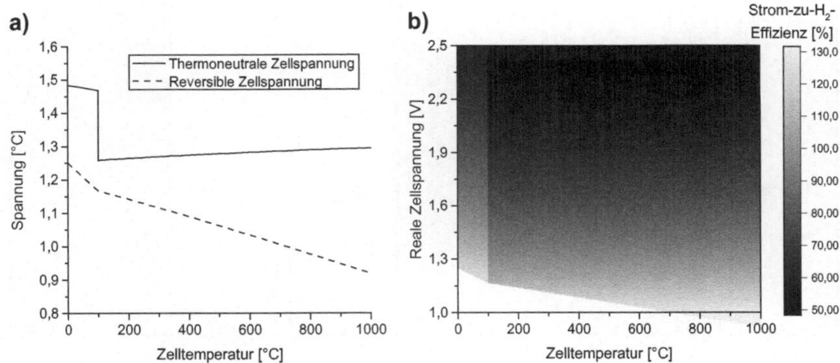

Abb. 2.2 **a** Thermoneutrale und reversible Zellspannungen der H_2O-Elektrolyse als Funktionen der Temperatur bei 1 bar; **b** Strom-zu-H_2-Effizienz bei der H_2O-Elektrolyse als Funktion der Temperatur und der realen Zellspannung bei 1 bar

Spannung genutzt. Abb. 2.2b zeigt die Strom-zu-H_2-Effizienz bezogen auf die thermoneutrale Zellspannung als Funktion der realen Zellspannung und Temperatur bei 1 bar. Man kann sehen, dass die Effizienz 100 % überschreiten kann. Dies kann erfolgen, wenn die reale Zellspannung zwischen der reversiblen und thermoneutralen Zellspannung liegt.

2.2 Zelltechnik

2.2.1 AEL

In einer AEL-Zelle (Abb. 2.3) werden zwei Elektroden (z. B. Stahl für die Kathode und Nickel für die Anode) in eine wässrige alkalische Lösung eingetaucht und durch eine Membran (z. B. Zirfon Perl) getrennt. Wässrige Lösungen von Kalium- oder Natriumhydroxid (KOH_{aq} oder $NaOH_{aq}$) werden typischerweise verwendet. Die Wahl fällt häufig auf KOH_{aq}, weil diese eine bessere elektrische Leitfähigkeit als $NaOH_{aq}$ gleicher Konzentration besitzt und weil die Korrosionsbeständigkeit von Stahl und Nickel in KOH_{aq} besser als in $NaOH_{aq}$ ist (Darken und Meier 1942; Gilliam et al. 2007). Die Konzentration von KOH liegt üblicherweise im Bereich von 30–40 Gew-%, um eine hohe elektrische

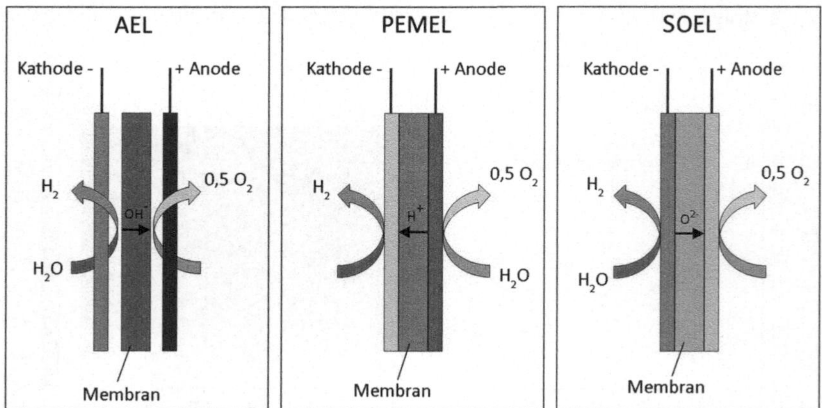

Abb. 2.3 Schematische Darstellung des Funktionsprinzips der AEL-, PEMEL- und SOEL-Zelle

Leitfähigkeit zu erreichen (Wendt und Vogel 2014). Im letzten Jahrzehnt wurden mehrere Studien zur Intensivierung des AEL-Verfahrens durch die Zugabe von aktivierenden Verbindungen in die Elektrolyte veröffentlicht (Kaninski et al. 2004; Tasic et al. 2011; Nikolic et al. 2010; Stojic et al. 2003; Maksic et al. 2011). Z. B. berichteten Stojic et al. (Stojic et al. 2003), dass sie den Strombedarf für die Wasserelektrolyse bis zu 10 % durch die Zugabe von $[Co(C_2H_8N_2)_3]Cl_3$ und $[Co(C_3H_{10}N_2)_3]Cl_3$ in eine KOH-Lösung reduzieren konnten.

Während des Elektrolyseprozesses werden Hydroxidionen an der Anode zu Sauerstoff und Wasser wie folgt oxidiert (Zeng und Zhang 2010):

$$2OH^- \rightarrow 0{,}5O_2 + H_2O + 2e^- \tag{2.6}$$

Angetrieben von einer Stromquelle fließen die Elektronen durch einen externen Kreislauf zur Kathode, wo sie mit Wasser zu Wasserstoff und Hydroxidionen reagieren (Xu und Wang 2017):

$$H_2O + 2e^- \rightarrow H_2 + 2OH^- \tag{2.7}$$

Die gebildeten Hydroxidionen durchqueren dann die Membran zu der Anodenseite angetrieben von den Konzentrationsgradienten und ersetzen die umgesetzten Anionen.

2.2.2 PEMEL

Im Gegensatz zu AEL ermöglicht PEMEL die Wasserstoffproduktion aus reinem Wasser. In einer PEMEL-Zelle (Abb. 2.3) wird Wasser auf der Anodenseite zugeführt, wo es in Protonen und Sauerstoff gespalten wird (Gl. 2.8). Die Protonen werden durch eine Membran auf die Kathodenseite transportiert und kombinieren dort mit Elektronen Wasserstoff (Gl. 2.9), während Sauerstoff bei dem Wasser zurückbleibt (Paidar et al. 2016). Bei der Herstellung von PEMEL-Zellen werden die Elektroden gegen eine Membran (z. B. Nafion) gedrückt, die ionische Leitfähigkeit und elektronische Isolation aufweist, und bilden die sogenannte Membran-Elektroden-Einheit (Xu und Scott 2010). Diese Konstruktion ermöglicht einen kurzen Abstand zwischen den Elektroden und verhindert die Bildung von Gasblasen zwischen der Elektrode und der Membran, wodurch die Ohmschen Spannungsverluste minimiert werden. Die Katalysatorschichten auf den Elektroden basieren auf Edelmetallen wie Platin und Iridium. Der Einsatz von Edelmetallen bzw. deren Oxiden ist notwendig wegen des in der PEMEL verwendeten sauren, protonenleitenden Ionomeren (Elektrolyt) und des hohen Anodenpotentials.

$$H_2O \rightarrow 2H^+ + 0{,}5O_2 + 2e^- \tag{2.8}$$

$$2H^+ + 2e^- \rightarrow H_2 \tag{2.9}$$

2.2.3 SOEL

Die reversible Zellspannung der Wasserelektrolyse nimmt mit steigender Temperatur ab. Z. B. beträgt sie 1,18 V bei 80 °C und 0,95 V bei 900 °C (Abb. 2.2a). Neben dem thermodynamischen Vorteil zeichnet sich die SOEL durch relativ schnelle Kinetik aus. Diese Vorteile machen die SOEL zu einer vielversprechenden Technologie. Bei dem Einsatz in PtM kann die benötigte Wärmemenge für die Wasserverdampfung (40,8 kJ/mol bei 100 °C) vom Methanisierungsprozess (−44,4 kJ/mol(H2) bei 300 °C) entnommen werden.

Das Funktionsprinzip der SOEL-Zelle ist in Abb. 2.3 dargestellt. Eine Kathode für die Wasserstofferzeugung und eine Anode für die Sauerstofferzeugung werden durch einen festen Elektrolyten getrennt. H_2O wird durch die Aufnahme von zwei Elektronen zu H_2 und O^{2-} auf der Kathode zersetzt (Gl. 2.10). O^{2-} diffundiert durch den festen Elektrolyten zur Anode, wo es zu O_2 oxidiert wird (Gl. 2.11) (Holladay et al. 2009). Yttriumstabilisiertes Zirconiumdioxid (YSZ) wird als Elektrolyt meistens eingesetzt. Das Material zeichnet sich durch relativ hohe Leitfähigkeit und Stabilität (Jiang et al. 2007; Yu et al. 2012). Der am meisten verwendete Kathodenkatalysator ist Nickel (Chauveau et al. 2010, 2011). Lanthan-Strontium-Manganit wird am häufigsten als Katalysator für die Anode eingesetzt (Liang et al. 2009; Chen et al. 2012).

$$H_2O + 2e^- \rightarrow H_2 + O^{2-} \tag{2.10}$$

$$O^{2-} \rightarrow 0{,}5O_2 + 2e^- \tag{2.11}$$

2.2.4 Vergleich der Zelltechnologien

Die AEL wird als eine reife Technologie angesehen, während die PEMEL sich in der frühen Phase der Kommerzialisierung befindet und die SOEL noch in der Entwicklung ist (Ursúa et al. 2013; Zeng und Zhang 2014). Die AEL ist derzeit die kosteneffizienteste und zuverlässigste Technologie. Allerdings gilt die PEMEL als die beste Wahl für die instationär zu betreibenden PtM-Anlagen (Götz et al. 2016). Die SOEL muss zuerst demonstriert werden. Der traditionelle Nachteil von AEL ist die Korrosion. Weitere Nachteile sind der begrenzte Betriebsdruck und Teillastbereich. Allerdings wurden in den letzten Jahren Fortschritte veröffentlicht. Neue AEL-Systeme würden einen Lastwechsel von 5 % bis 100 % der Nennkapazität und eine Anfahrzeit vom kalten Zustand aus innerhalb von Sekunden bis Minuten erreichen (Bertuccioli et al. 2014). Die PEMEL weist größeren Teillastbereich aufgrund ihres Elektrolyt-Typen auf und kann unter einem Druck bis 100 bar betrieben werden (Schiebahn et al. 2015). Zudem kann sie hochreinen Wasserstoff erzeugen, da in der Zelle im Vergleich zur AEL kein flüssiger Elektrolyt Sauerstoff zu der Anodenseite transportiert. Auf der anderen Seite intensiviert die Verwendung von Edelmetallen als Katalysatoren die Wasserstoffproduktion (relativ hohe Stromdichten). Die Verwendung dieser Materialien hat jedoch Nachteile wie hohe Investitionskosten und relativ kurze Haltbarkeit. Der SOEL wird bei hohen Temperaturen betrieben, was die reversible Zellspannung reduziert (Abb. 2.2a) und die Kinetik des Elektrolyseprozesses beschleunigt. Die SOEL ist damit eine vielversprechende Technologie, wenn die Probleme der Haltbarkeit der keramischen Werkstoffe und des Langzeitbetriebs gelöst werden.

Die Dichtigkeit der Zellen spielt eine wichtige Rolle bei der Performance der Elektrolyse-Systeme. Die Abdichtung von PEMEL-Zellstapeln ist durch die Verwendung von Materialien wie Synthesekautschuk relativ einfach (Millet und Grigoriev 2013). Die Abdichtung von AEL-Zellstapeln ist wegen des korrosiven Elektrolyten aufwendiger; typischerweise werden metallische Dichtstoffe verwendet (Cerri et al. 2012). Die Abdichtung von SOEL-Zellstapeln ist aufgrund der hohen Betriebstemperaturen eine Herausforderung, die bewältigt werden muss; derzeit sind Glas- und Glaskeramik-Dichtstoffe die am häufigsten verwendeten Lösungen (Khedim et al. 2012). Mitunter werden die Zellen rohrförmig konstruiert, um das Problem der Dichtigkeit zu vermeiden. Diese Konfiguration ist jedoch mit großem Aufwand verbunden, während die planaren Stapel eine gleichmäßige Verteilung der Reaktanten bieten und für die Massenproduktion einfacher sind (Hino et al. 2004). Tab. 2.1 stellt quantitative Daten zu den Eigenschaften der verschiedenen Wasserelektrolyse-Technologien dar.

Tab. 2.1 Eigenschaften der Zelltechnologien

Eigenschaft	AEL	PEMEL	SOEL
Reife	Reif	Frühe Phase der Kommerzialisierung	Entwicklung
Temperatur [°C]	40–90 (Santos et al. 2017)	20–100 (Santos et al. 2017)	600–1000 (Wang et al. 2014)
Druck [bar]	<30 (Santos et al. 2017)	<100 (Schiebahn et al. 2015)	–
Spannung [V]	1,8–2,4 (Santos et al. 2017)	1,8–2,2 (Santos et al. 2017)	0,95–1,3 (Bhandari et al. 2014)
Wirkungsgrad [%]	62–82 (Santos et al. 2017)	67–82 (Santos et al. 2017)	–
Stromdichte [A/cm]	<0,5 (Lehner et al. 2014) 0,2–0,4 (Bertuccioli et al. 2014)	<2 (Bhandari et al. 2014) 1,0–2,0 (Bertuccioli et al. 2014)	<1 (Bhandari et al. 2014)
Anfahrzeit vom kalten Zustand aus [min]	15 (Bhandari et al. 2014) 20 (Bertuccioli et al. 2014)	<15 (Bhandari et al. 2014) 5 (Bertuccioli et al. 2014)	>60 (Bhandari et al. 2014)
Degradationsrate [mV/h]	<3 (Santos et al. 2017) 2 (Parra und Patel 2016)	<14 (Santos et al. 2017) 5 (Parra und Patel 2016)	–
Lebensdauer (Zellstapel) [h]	<90.000 (Bhandari et al. 2014) <75.000 (Bertuccioli et al. 2014)	<62.000 (Bertuccioli et al. 2014)	–

CO_2 für Power-to-Methane 3

Im zweiten Stoffumwandlungsschritt der PtM-Prozesskette wird CH_4 durch die chemische Reaktion von H_2 mit CO_2 gebildet. Der zweite Reaktant ist allerdings oft in ungeeigneten Gasgemischen zur Erzeugung von anwendbarem PtM-Produkt enthalten. Diese Gasgemische können allerdings zu CO_2-reichen Gasen aufbereitet werden. In diesem Abschnitt werden CO_2-Quellen-Kandidaten vorgestellt. Anschließend werden CO_2-Trenntechnologien dargestellt und verglichen.

3.1 CO_2-Quellen

Neben der Erzeugung von einem Energie-Vektor, der in verschiedenen Sektoren anwendbar ist, verwertet PtM CO_2 als Rohstoff. Das Verfahren kann so zur Abnahme der Treibhausgasemissionen beitragen.

CO_2 für PtM kann aus Biomasseanlagen, Kraftwerken, industriellen Prozessen und Umgebungsluft gewonnen werden. Tab. 3.1 zeigt Prozesse, deren Abgase als CO_2-Quellen für PtM verwendet werden können. Industrielle CO_2-Quellen, bei denen die Verwendung von erneuerbarem H_2 zur Vermeidung von CO_2-Emissionen führen kann (z. B. Ammoniakherstellung und Wasserstoffproduktion durch Reformierung von Kohlenwasserstoffen), und in denen thermische Energie bzw. Dampf durch die Verbrennung fossiler Brennstoffe wie in Kraftwerken erzeugt wird, wurden nicht berücksichtigt.

Biogas kann nach dem Entfernen der schädlichen Spurenkomponenten wie Schwefelwasserstoff direkt in den Methanisierungsreaktor eingespeist werden. Die Biogasaufbereitungs- und Bioethanolanlagen emittieren CO_2-Gase, die in PtM-Anlagen ohne zusätzlichen Energie- und Kostenaufwand genutzt werden können (Ghaib 2017).

K. Ghaib, *Das Power-to-Methane-Konzept*, essentials,
https://doi.org/10.1007/978-3-658-19726-1_3

Tab. 3.1 CO_2-Quellen-Kandidaten für PtM

Sektor	CO_2-Quellen	CO_2-Konzentration im Abgas [Vol-%]
Biomasse	Biomasse-Fermentation Biogasaufbereitung Bioethanolherstellung	15–50 (Munoz et al. 2015) $\approx$100 (Munoz et al. 2015) $\approx$100 (Balat et al. 2008)
Kraftwerke	Erdgasverbrennung Erdölverbrennung Kohleverbrennung	3–5 (Wilcox 2012) 3–8 (Wilcox 2012) 10–15 (Ling et al. 2016)
Industrielle Prozesse	Zementherstellung Eisen- und Stahlproduktion Ethylenoxid-Herstellung	14–33 (Metz et al. 2005) 20–30 (Metz et al. 2005) $\approx$100 (Othmer 2007)
Umwelt	Umgebungsluft	$\approx$0,04 (Sakwa-Novak et al. 2016)

Die Energie- und Industriesektoren emittieren mehr als ein Drittel der weltweiten CO_2-Emissionen (Edenhofer et al. 2014). Die Gewinnung von CO_2 aus diesen Sektoren ist technisch machbar, hängt wirtschaftlich jedoch von dem CO_2-Partialdruck im Abgas ab. Je höher dieser ist, desto wirtschaftlicher ist der Trennprozess. Die wichtigsten CO_2-Quellen, die in Zukunft unvermeidbar bleiben werden, sind diese aus der Zementherstellung, der Eisen- und Stahlindustrie und den chemischen Prozessen, in denen CO_2 als Nebenprodukt wie im Prozess der Ethylenoxid-Produktion erzeugt wird.

In den letzten Jahrzehnten haben mehrere Studien die Gewinnung von CO_2 aus der Umgebungsluft untersucht (House et al. 2011; Goeppert et al. 2012; Jones 2011; Sanz-Perez et al. 2016). Technisch ist diese Vision auch machbar (Laude et al. 2011). Ihr Vorteil ist, dass kein CO_2-Transport zum Standort der PtM-Anlage benötigt wird. Ihre spezifischen Kosten sind allerdings sehr hoch aufgrund des sehr geringen Partialdrucks des CO_2 in der Umgebungsluft.

3.2 CO_2-Trenntechnologien

3.2.1 Absorption

Wie der Name schon sagt, basiert dieses Trennverfahren auf der CO_2-Absorption von einer Flüssigkeit. Das Prinzip des Verfahrens lässt sich wie folgt beschreiben: Eine CO_2-selektive Flüssigkeit und das aufzubereitende Gasgemisch werden in eine Kolonne im Gegenstrom dosiert (Abb. 3.1). Die Flüssigkeit wird mit CO_2

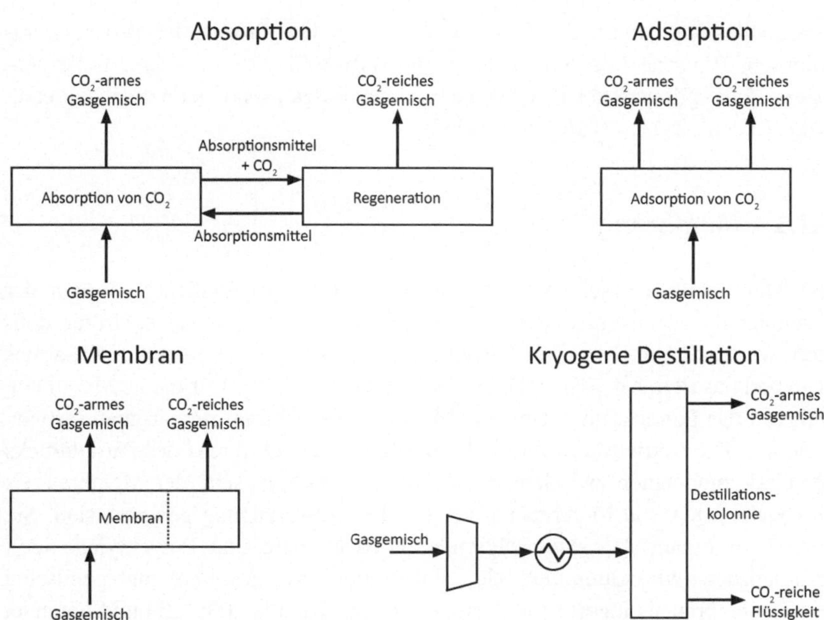

Abb. 3.1 Einfache Darstellung von CO_2-Trennverfahren

beladen und in eine andere Kolonne transportiert, wo CO_2 durch Wärmezufuhr und/oder Druckentlastung freigesetzt wird. Die regenerierte Flüssigkeit wird dann zur Absorptionskolonne zurückgeschickt. Es gibt mehrere Absorptionsmittel, die in chemische und physikalische kategorisiert werden. Zu der ersten Kategorie gehören z. B. Amine, Ammoniakwasser und Natriumcarbonat (Spigarelli und Kawatra 2013). Als physikalische Absorptionsmittel werden Alkohole, Polyethylenglykol und andere sauerstoffhaltige Verbindungen eingesetzt (Zhenhong et al. 2014).

3.2.2 Adsorption

Bei dem Verfahren haften die CO_2-Moleküle auf der Oberfläche eines festen Stoffes und werden dort angelagert. In Abb. 3.1 ist der Prozess in einer einfachen Version dargestellt. Das Gasgemisch wird komprimiert und in eine Adsorptionskolonne zugeführt, wo CO_2 von dem Adsorptionsmittel abgefangen wird. Wenn das Adsorptionsmittel vollständig beladen ist, wird das adsorbierte CO_2 durch

Druckentlastung (und Wärmezufuhr) freigesetzt. Der Prozess ist also diskontinuierlich. Typische Adsorptionsmittel sind Aktivkohle, Zeolithe, aminfunktionalisierte Adsorptionsmittel und sogenannte metallorganische Gerüste (Wang et al. 2011; Li et al. 2011; Chaffee et al. 2007).

3.2.3 Membran

Die Membrantechnologie nutzt den Vorteil der unterschiedlichen Größen der Gasmoleküle. In einem Membranmodul können drei verschiedene Ströme definiert werden (Abb. 3.1): Der Zulauf (Gasgemisch), das Retentat (CO_2-armes Gas) und das Permeat (CO_2-reiches Gas). Das Gasgemisch tritt in das Modul ein, während das Permeat durchläuft die Membran und tritt auf der stromabwärtigen Seite aus. Die Antriebskraft für die Permeation ist die Differenz des Partialdrucks der Gaskomponenten zwischen der Zulauf- und Permeatseite der Membran. Es gibt viele Arten von Membranen, die für die CO_2-Trennung geeignet sind. Sie können in organische (wie Polyimide, Polycarbonate und Polyethylenoxide), anorganische (wie Aluminiumoxid, Siliciumoxid und Zeolithe) und gemischte Matrixmembranen eingestuft werden (Aaron und Tsouris 2005; Lin und Freeman 2004; Powell und Qiao 2006; Rackley 2010).

3.2.4 Kryogene Destillation

Die kryogene Destillation spaltet CO_2 aus einem Gasgemisch durch Kondensation (Song et al. 2017). In Abb. 3.1 ist eine einfache Zeichnung des Prozesses dargestellt. Das Gasgemisch wird verdichtet und im Wärmetauscher abgekühlt. Das abgekühlte unter Druck stehende Fluidgemisch wird dann in die Destillationskolonne zugeführt. CO_2-reiche Flüssigkeit verlässt die Kolonne am Boden.

3.2.5 Vergleich der CO_2-Trennprozesse

Die chemische Absorption ist die meist eingesetzte Methode zur Gewinnung von CO_2 aus Gasströmen, die niedrige bis mäßige Partialdrücke von CO_2 (3–20 %) enthalten (Spigarelli und Kawatra 2013), und gilt als die am weitesten entwickelte Methode unter den Trennmethoden (Bhown und Freeman 2011). Die Hauptnachteile der chemischen Absorption sind die Korrosion durch einige Absorptionsmittel und der Bedarf an Wärme für die Regeneration (Feng et al. 2010; Islam et al. 2011). Das zweite Problem kann allerdings durch die Verwendung der aus dem Methanisierungsprozess freigesetzten Wärme gelöst werden. Die physikalische Absorption ist kostspieliger wegen dem benötigten Hochdruck und eignet sich nicht für die Abscheidung von CO_2 aus Gasgemischen mit kleinen CO_2-Anteilen (Goeppert et al. 2012). Allerdings ist die Regeneration der physikalischen Absorptionsmittel weniger energieintensiv als die der chemischen Absorptionsmittel. Die physikalischen Absorptionsmittel sind zudem nicht korrosiv. Im Gegensatz zur Absorption, bei der die absorbierte Komponente in die Masse des Lösungsmittels eintritt und eine Lösung bildet, bleiben die adsorbierten Moleküle auf der Oberfläche des Adsorptionsmittels bei dem Adsorptionsverfahren. Folglich ist das Adsorptionsverfahren mit relativ geringer Effektivität charakterisiert (Wang et al. 2011). Auf der anderen Seite sind die Adsorptionsmittel empfindlich gegenüber hohen Temperaturen. Ihre Kapazitäten reduzieren sich mit steigender Temperatur stark. Im Fall der physikalischen Adsorption ist zudem die Selektivität bei einigen Gasgemischen (wie CO_2-N_2-Gemischen) gering. Die Membrantechnologie wird kaum für die CO_2-Trennung eingesetzt, obwohl es bedeutende Entwicklungen gab. The Technologie wird vielmehr in anderen Bereichen wie z. B. O_2/N_2-Trennung verwendet (Metz et al. 2005). Die kryogene Destillation ist eine sehr energieintensive Technologie (Gottlicher und Pruschek 1997) und wird auch vielmehr für die Trennung von anderen Gasen wie N_2 und O_2 verwendet (Adamson et al. 2017; Xu et al. 2017). Tab. 3.2 fasst (weitere) Vor- und Nachteile der diskutierten CO_2-Trennverfahren zusammen.

Tab. 3.2 Vor- und Nachteile der diskutierten CO_2-Trennverfahren. (Yue et al. 2006; Sayari et al. 2011; Siriwardane et al. 2001; Choi et al. 2009; Maqsood et al. 2017; Sircar et al. 1996)

Verfahren	Vorteile	Nachteile
Chemische Absorption:		
• Amine	Reif	Korrosion; Amin-Abbau; hoher Energieverbrauch
• Ammoniakwasser	Keine Korrosion	Verstopfung durch Feststoffbildung bei CO_2-Abscheidung; hohe Ammoniakdampfverluste bei dem Strippen
• Natriumcarbonat	Natriumcarbonat	Langsame Absorptionsrate von CO_2
Physikalische Absorption	Keine Korrosion	Hoher Betriebsdruck; nicht geeignet für die Trennung von CO_2 aus Gasgemischen mit kleinem CO_2-Anteil
Adsorption:		
• Aktivkohle	Schnelle Kinetik; hohe thermische Stabilität; niedrige Kosten	Niedrige CO_2-Kapazität bei niedrigem Druck
• Zeolithe	Schnelle Kinetik	Energie- und Zeitintensiver Aufwand für eine vollständige Regeneration
• Aminfunktionalisierte Adsorptionsmittel	Schnelle Kinetik; Adsorptionskapazität wird minimal durch CO_2-Partialdruck beeinflusst	Abbau bei Temperaturen um 100 °C; Zeitintensive Desorption durch Wärmezufuhr
• Metallorganische Gerüste	Hohe thermische Stabilität; einstellbare chemische Funktionalität	Niedrige CO_2-Selektivität in CO_2-N_2-Gasströmen; Mangel an experimentellen Daten über die Performance nach mehreren Adsorptions-Desorptionszyklen
• *Membran*	Kein Regenerationsschritt; niedrige Kapitalkosten; kompaktes Design	Für eine effiziente Trennung muss der Gasstrom auf 15–20 bar komprimiert werden. Hohe Temperaturen verursachen Degradation organischer Membranen; mehrstufige Membransysteme
• *Kryogene Destillation*	Kein Regenerationsschritt; CO_2 unter hohem Druck	Hoher Energieverbrauch

Methanisierung

4

Durch den Methanisierungsprozess werden H_2 und CO_2 in CH_4 und H_2O umgewandelt. Der Prozess kann chemisch oder biologisch durchgeführt werden. Der zweite Weg ist in der Biogasproduktion bekannt. Er basiert auf natürlichen Stoffwechselprozessen von Mikroorganismen. Die biologische Methanisierung hat positive Eigenschaften wie der Betrieb bei mäßigen Temperaturen (30–60 °C) und atmosphärischem Druck sowie eine hohe Toleranz gegenüber Verunreinigungen im Feed. Allerdings ist der Prozess sehr träge, was seine Anwendung einschränkt. In dieser Arbeit wird ausschließlich die chemische Methanisierung, die am häufigsten für PtM diskutiert wird, berücksichtigt. Zuerst wird die Thermodynamik des Prozesses angegangen; dann werden die Katalysatoren diskutiert; schließlich werden die Reaktoren dargestellt und ausgewertet.

4.1 Thermodynamik

Die Reaktionsgleichung der chemischen Methanisierung (nachfolgend Methanisierung genannt) wird wie folgt ausgedrückt (Ghaib et al. 2016a):

$$4H_2 + CO_2 \rightleftharpoons CH_4 + 2H_2O \tag{4.1}$$

Während der Synthese wird der Träger der chemischen Energie von H_2 mit geringer Energiedichte zu CH_4 mit höherer Energiedichte umgewandelt. Dabei beträgt die Effizienz 83 % bezogen auf den Heizwert bei Standardbedingungen. Die restliche Energiemenge (17 %) wird als Wärme freigesetzt.

Die Methanisierungsreaktion ist exotherm und weist eine negative Molenänderung auf. Dies bedeutet, dass die Reaktion thermodynamisch bei gesenkter Temperatur und erhöhtem Druck begünstigt wird (das Prinzip von Le Chatelier).

K. Ghaib, *Das Power-to-Methane-Konzept,* essentials,
https://doi.org/10.1007/978-3-658-19726-1_4

Nebenprodukte können bei dem Methanisierungsprozess entstehen. Diese sind Kohlenstoffmonoxid, Kohlenstoff und Kohlenwasserstoffe (Frick et al. 2014, Mihet und Lazar 2016). CO wird hauptsächlich parallel durch die endotherme umgekehrte Wasser-Gas-Shiftreaktion (Gl. 4.2) erzeugt. Kohlenstoff kann durch die exotherme Boudouard-Reaktion (Gl. 4.3) und endotherme Methan-Pyrolyse (Gl. 4.4) als Folgereaktionen gebildet werden. Die Kohlenwasserstoffe sind primär Alkane und Alkene. Diese werden durch die exothermen Folgereaktionen in Gl. 4.5 und Gl. 4.6 erzeugt.

$$CO_2 + H_2 \rightleftharpoons CO + H_2O \tag{4.2}$$

$$2\,CO \rightleftharpoons C + CO \tag{4.3}$$

$$CH_4 \rightleftharpoons C + 2\,H_2 \tag{4.4}$$

$$n\,CO + (2n+1)H_2 \rightleftharpoons C_nH_{2n+2} + n\,H_2O \tag{4.5}$$

$$n\,CO + 2n\,H_2 \rightleftharpoons C_nH_{2n} + n\,H_2O \tag{4.6}$$

Abb. 4.1 zeigt die molare Zusammensetzung von H_2, CO_2, CH_4, H_2O und Nebenprodukten im thermodynamischen Gleichgewicht in Abhängigkeit der Temperatur bei einer initialen molaren Zusammensetzung von 80 % H_2 und 20 % CO_2 und unterschiedlichen Drücken. Man sieht, dass die CH_4-Ausbeute mit abnehmender Temperatur und zunehmendem Druck, wie oben angegeben, steigt. Die Bildung von CO fällt mit abnehmender Temperatur und zunehmendem Druck, während die von Kohlenwasserstoffen (C_nH_{2n} und C_nH_{2n+2} mit $2 \leq n \leq 5$) mit abnehmender Temperatur und abnehmendem Druck unterdrückt wird. Die Verläufe der Kurven von Kohlenstoffmonoxid und Kohlenwasserstoffen gehen dem Gesetz von Le Chatelier aufgrund der Dominanz der Methanisierungsreaktion nicht ganz nach.

Die Bildung von Kohlenstoff führt zur Katalysatordeaktivierung. Abb. 4.2 zeigt den Einfluss der Temperatur und des initialen molaren H_2-zu-CO_2-Verhältnisses auf den Stoffmengenanteil von Kohlenstoff im thermodynamischen Gleichgewicht bei 10 bar. Die Bildung von Kohlenstoff wird mit steigender Temperatur und steigendem H_2-zu-CO_2-Verhältnis unterdrückt.

Aus diesem Unterkapitel kann der Schluss gezogen werden, dass je höher der Druck und niedriger die Temperatur, desto günstiger ist die Methanisierung thermodynamisch. Allerdings ist ein hoher Prozessdruck nicht wirtschaftlich; und eine niedrige Prozesstemperatur erfordert einen hoch aktiven Katalysator, der derzeit eine der Herausforderungen bei der Entwicklung von den Reaktoren für die Methanisierung ist. Ein techno-ökonomischer Kompromiss muss gefunden werden.

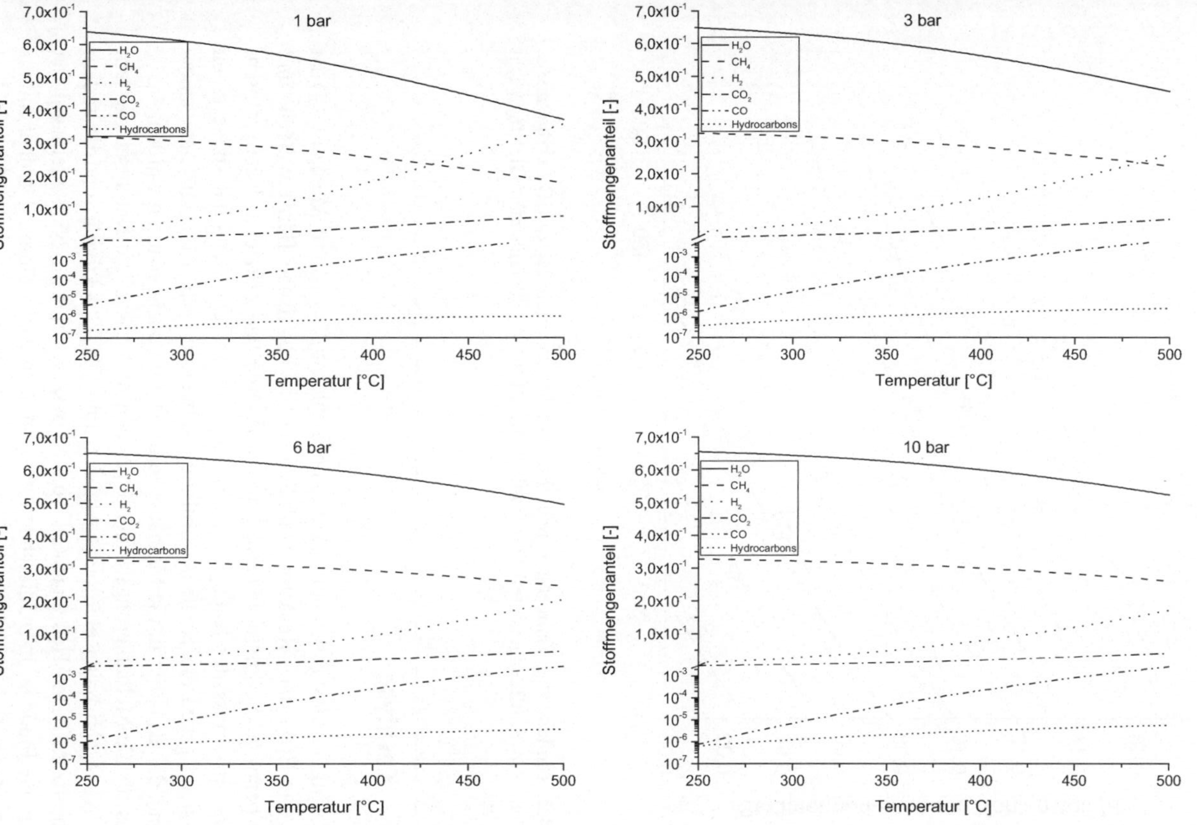

Abb. 4.1 Einfluss der Temperatur und des Drucks auf die Zusammensetzung von H_2, CO_2, CH_4, H_2O und Nebenprodukten im thermodynamischen Gleichgewicht bei einer initialen molaren Zusammensetzung von 80 % H_2 und 20 % CO_2; Kohlenwasserstoffe: C_nH_{2n} und C_nH_{2n+2} mit $2 \leq n \leq 5$

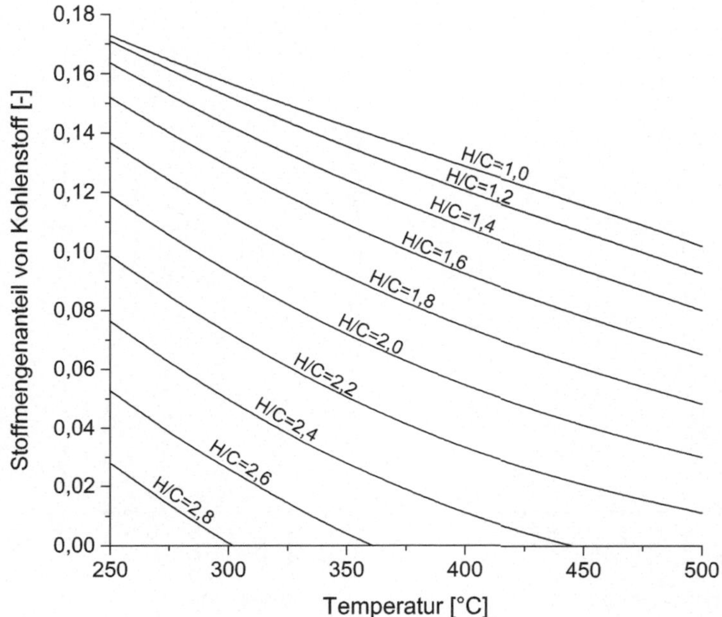

Abb. 4.2 Einfluss der Temperatur und des initialen molaren H_2-zu-CO_2-Verhältnisses (H/C) auf den Stoffmengenanteil von Kohlenstoff im thermodynamischen Gleichgewicht bei 10 bar

4.2 Katalyse

Die Reduktion des vollständig oxidierten Kohlenstoffs (+4) zu Methan (−4) ist eine Acht-Elektronen-Reaktion. Folglich ist die kinetische Barriere hoch, und daher benötigt die chemische Reaktion wirksame und effiziente Katalysatoren. Andererseits muss der Katalysator eine hohe thermische Stabilität sowie einen Widerstand gegen die Kohlenstoffbildung aufweisen. Tab. 4.1 zeigt Katalysatorsysteme, die als aktiv für die Methanierungsreaktion nachgewiesen wurden.

Das für die Methanierungsreaktion am meisten verwendete Katalysatorsystem ist Ni/Al_2O_3. Ni bietet eine hohe Aktivität und CH_4-Selektivität, und ist zudem kosteneffizient. Der Hauptnachteil von Ni wie von jedem Nichtedelmetall ist seine hohe Tendenz, in oxidierenden Atmosphären zu oxidieren. Darüber hinaus kann Nickelcarbonyl, das für den menschlichen Organismus giftig ist, während der Methanisierung gebildet werden. Fe ist kosteneffizienter (Gao et al. 2015);

Tab. 4.1 Katalysatorsysteme für die CO_2-Methanisierung

Träger	Metall	Refs
Al_2O_3	Ni; Pd; Rh; Ru/Mn/Cu, Ru/Mn/Fe	(Aksolyu et al. 1996; Kangas et al. 2017; Janke et al. 2014; Karelovic und Ruiz 2013; Li et al. 2015; Zamani et al. 2014; Halim et al. 2015)
CeO_2	Ru	(Sharma et al. 2011)
CeO_2– ZrO_2	Ni	(Aldana et al. 2013)
La_2O_3	Ni	(Song et al. 2010)
MgO	Ni	(Takezaw et al. 1986)
SiO_2	Co, Fe, Ni	(Chang et al. 2001; Falconer und Zağli 1980; Spinicci und Tofanari 1988; Weatherbee und Bartholomew 1984)
TiO_2	Ni, Ru	(Takezaw et al. 1986; Abe et al. 2009)
Zeolites	Ni	(Borgschulte et al. 2013)
ZrO_2	Ni	(Cai et al. 2011)

es zeigt jedoch eine niedrigere CH_4-Selektivität (Rönsch et al. 2016). Co zeigt eine geringere Aktivität und ist teurer als Ni (Habazaki et al. 1998). Folglich hat das Metall nicht so viel Aufmerksamkeit bekommen (Kok et al. 2011). Ru, das zu Edelmetallen gehört, bietet positive Eigenschaften wie hohe Aktivität, CH_4-Selektivität (auch bei niedrigen Temperaturen) und Beständigkeit gegenüber oxidierenden Atmosphären (Schoder et al. 2012). Sein Hauptnachteil ist der hohe Preis, der seine Anwendung begrenzt. Rh bietet auch hohe Aktivität und hohe Selektivität gegenüber CH_4, aber sein Preis ist auch hoch. Pd ist das am wenigsten geeignete Edelmetall für die Methanisierung.

Die Aktivität eines Katalysatorsystems wird durch das Trägermaterial beeinflusst (Ghaib 2016). Die Auswahl des richtigen Materials ist somit ein wichtiger Faktor für eine effiziente Methanisierung. Al_2O_3 ist der am häufigsten verwendete Träger aufgrund seiner Fähigkeit, Metalle fein zu dispergieren, und seinem relativ niedrigen Preis. Das Ce-Zr-Binäroxid wird jedoch als einer der vielversprechenden Katalysator-Träger für die Methanisierung angesehen. Das Material zeichnet sich mit guter Redox-Eigenschaft und thermischer Stabilität sowie geringer Sinterneigung aus (Ocampo et al. 2011).

Um die Leistungsfähigkeit von Katalysatoren zu verbessern, werden Aktivatoren hinzugefügt. Diese dienen u. a. zur Verbesserung der Oberflächen-Basizität (Abnahme der Aktivierungsenergie), der Metall-Träger-Grenzfläche (bessere

Beständigkeit gegenüber extremen Bedingungen) und der Metalldispersion. Z. B. erhöht CeO_2 als Aktivator die Aktivität und CH_4-Selektivität der Katalysatorsysteme bei der Verwendung von Al_2O_3- oder SiO_2-Träger mit Ni- oder Ru-Metall (Trovarelli et al. 1995; Xavier et al. 1999; Rynkowski et al. 2000). Die bessere Performance, die von CeO_2 gefördert wird, ist auf seine hohe Kapazität für die Metalldispersion und seine Neigung zur Erzeugung von Sauerstoff-Vakanzen zurückzuführen. Weitere Beispiele finden sich in Refs. (Zhi et al. 2011; Perkas et al. 2009; Takano et al. 2011; Zhou et al. 2015; Yu et al. 2013; Guo und Lu 2014a, b; Yang et al. 2016; Yamasaki et al. 1999; Park und McFarland 2009; Liu et al. 2012).

Zwei Mechanismen der Methanisierung werden in der Literatur diskutiert: Mechanismus mit CO als Zwischenprodukt (Weatherbee und Bartholomew 1982) und einer ohne CO als Zwischenprodukt (Lapidus et al. 2007). Der erste besteht aus der Reduktion von CO_2 zu CO, gefolgt von der Umwandlung von CO in CH_4. Im zweiten Mechanismus werden Carbonate und Formiate als Zwischenprodukte gebildet, die dann direkt in CH_4 hydriert werden.

Wie bei jeder heterogen katalysierten Reaktion können Deaktivierungsmechanismen den Methanisierungsprozess begleiten. Der bedeutendste Mechanismus ist die irreversible Deaktivierung durch Schwefelkomponenten, die in den meisten CO_2-Quellen enthalten sind. Schwefel bildet mit dem Metall des Katalysatorsystems Metallsulfid. Tab. 4.2 zeigt die freie Energie der Bildung einiger Metallsulfide. Die Bildung der Sulfide der Nichtedelmetalle weist relativ hohe negative freie Energie auf, was darauf hinweist, dass relativ kleine Konzentrationen der Schwefelkomponenten in der Gasphase zur Deaktivierung dieser Metalle führen können.

Tab. 4.2 Freie Energie der Bildung von Metalsulfiden bei 600 K. (Bartholomew et al. 1982)

Metall	Metallsulfid	Freie Energie (kJ/g atom)
Co	Co_9S_8	–55,3
	Co_4S_{3-x}	–39,8
	CoS	–47,7
Fe	FeS	–57,3
Ni	Ni_3S_2	–56,1
	Ni_6S_5	–48,6
	Ni_3S_{2-x}	–58,2
Rh	Rh_xS	–10,9

4.3 Reaktorkonzepte

Die Methanisierung ist eine hoch exotherme Reaktion. Abb. 4.3 zeigt den abzuführenden mittleren Wärmestrom bezogen auf dem Volumen der Reaktionszone in Abhängigkeit des CO_2-Umsatzes und bei verschiedenen Raumgeschwindigkeiten, einer initialer molarer Zusammensetzung von 80 % H_2 und 20 % CO_2 und einer Prozesstemperatur von 300 °C. Es ist allerdings darauf hinzuweisen, dass Wärmestromgradienten in den Methanisierungsreaktoren gebildet werden. Das Profil der Gradienten hängt von der Katalysatoraktivität ab. Wie in der Abbildung

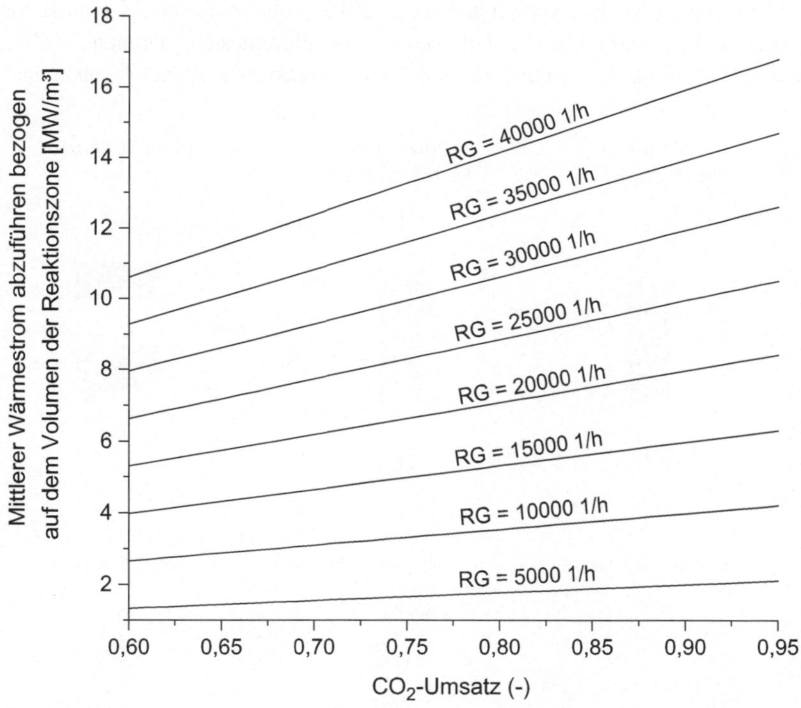

Abb. 4.3 Mittlerer Wärmestrom, der abgeführt werden muss, bezogen auf dem Volumen der Reaktionszone als Funktion des CO_2-Umsatzes bei verschiedenen Raumgeschwindigkeiten (RG), einer initialen molaren Zusammensetzung von 80 % H_2 und 20 % CO_2 und einer Prozesstemperatur von 300 °C

zu sehen ist, muss viel Wärme abgeführt werden, wobei keine unzulässige Steigerung oder Absenkung der Temperatur eintreten darf. Weicht die Temperatur von den optimalen Bedingungen ab, so können die unerwünschte Folgen eintreten:

- Die Methanisierung verläuft zu langsam.
- Durchgehen der Reaktion mit großem Sicherheitsrisiko.
- Geringe CH_4-Selektivität.
- Katalysatordeaktivierung (Kohlenstoffabscheidung, Sinterung).

Somit sind die Wärmeabfuhr und Temperaturregelung die Schlüsselparameter bei der Konstruktion von funktionierenden und nachhaltigen Methanisierungsreaktoren.

Verschiedene Reaktortypen (Ghaib et al. 2016b) wurden für die Methanisierung angepasst. In diesem Unterkapitel werden die relevantesten, nämlich Festbett-, Monolith-, Mikrokanal-, Membran- und Sorptionsreaktoren (Abb. 4.4), diskutiert.

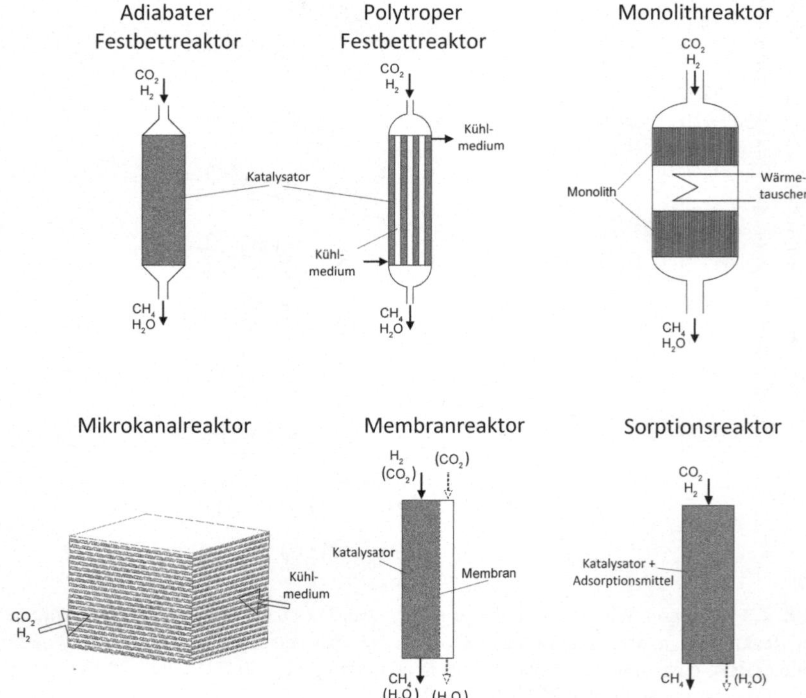

Abb. 4.4 Einfache Darstellung von Methanisierungsreaktoren

Die Festbettreaktoren werden am häufigsten für die Methanisierung verwendet. Sie zeichnen sich durch die Vorteile aus, dass die Umströmung der Katalysatorteilchen durch das Gas sehr gleichmäßig ist und lange Kontaktzeiten möglich sind. Sie werden adiabat (Schaaf et al. 2014) oder polytropisch (Schlereth und Hinrichsen 2014) konzipiert.

Die adiabate Version ist eine kaskadierte Bauform, bei der mehrere adiabate Reaktoren in Serie geschaltet sind. Wärmetauscher werden zwischen den Reaktoren integriert, um das Prozessgas in den optimalen Temperaturbereich zurückzubringen. Somit können hohe CO_2-Umsätze erreicht werden. Die adiabaten Reaktoren sind relativ einfache und kostengünstige Systeme. Zusätzlich kann in den Systemen der Methanisierungsprozess mit hoher Raumgeschwindigkeit durchgeführt werden, und überhitzter Dampf kann in den Wärmetauschern erzeugt werden (Rönsch und Ortwein 2011). Die Hauptnachteile der Reaktoren sind die Hotspots und die sehr kleiner Flexibilitätsbereich in Bezug auf die Last (Rostrup-Nielsen et al. 2007; Nguyen et al. 2013).

Das polytrope Design ist ein gekühltes Rohrbündelsystem. Bei dieser Variante wird eine Vielzahl von Rohren mit relativ kleinem Durchmesser parallel angeordnet. Während die Anzahl der Rohre durch die gewünschte Produktionsrate bestimmt wird, wird ihrer Durchmesser so gewählt, dass die Reaktionswärme suffizient abgeführt wird (Müller-Erlwein 2007). Allerdings ist die Durchmessergröße abwärts begrenzt. Im Vergleich zu den adiabaten Reaktoren weisen die polytropen Reaktoren kleinere Temperaturgradienten, die zu einer erhöhten Lebensdauer des Systems und einen größeren Flexibilitätsbereich führen, auf (Hagen 2004). Allerdings sind die polytropen Reaktoren kostenintensiver und relativ komplex.

Zur Optimierung der Festbett-Systeme in Bezug auf die Reaktorenanzahl unter der adiabaten Version oder das Wärmemanagement unter der polytropen Version wurden verschiedene technische Maßnahmen durchgeführt (Kao et al. 2004; Schaaf et al. 2014; Rönsch und Ortwein 2011):

- Verdünnung der Edukte durch partielle Rückführung der Produkte oder durch Wasserdampf.
- Stufenweise Dosierung der Edukte entlang der Strömungsrichtung.
- Verdünnung des Katalysatorbetts mit inerten Partikeln.

Das Monolithreaktor-Konzept ist in der Branche der Abgasreinigung weit verbreitet (Cybulski und Moulijn 2006). Es hat die Vorteile einer hohen spezifischen Katalysatoroberfläche, eines kleinen Druckabfalls und einer kurzen Antwortzeit (Fukuhara et al. 2017; Sadeghi et al. 2017). Das Konzept hat allerdings auch

Nachteile: ungleichmäßige Gasverteilung – und damit geringere Effektivität – und Schwierigkeiten bei der Hochskalierung zu großen industriellen Maßstäben. Die Monolithen werden aus keramischen oder metallischen Werkstoffen hergestellt. Der keramische Typ ist spröde und zerbricht unter mechanischen Spannungen. Die Beschichtung von metallischen Monolithen mit dem Katalysator ist eine anspruchsvolle Herausforderung (kurze Lebensdauer).

Die Mikrokanalreaktoren haben den Vorteil der exzellenten Wärmeübertragung, die die Bildung von Hotspots und damit die Deaktivierung von Katalysatoren unterdrückt (Fukuhara et al. 2017; Sadeghi et al. 2017). Darüber hinaus bietet ihr hohes Katalysatorfläche-zu-Reaktorvolumen-Verhältnis ein relativ kleines Reaktorvolumen. Sie sind allerdings Einwegsysteme. Mit anderen Worten, wenn der Katalysator irreversibel deaktiviert wird, muss der gesamte Reaktor ersetzt werden, da der Katalysator auf der Innenfläche des Reaktors fixiert wird. Darüber hinaus ist ihre Hochskalierung begrenzt.

Die Membranreaktoren kombinieren die Reaktion mit der Produktpermeation oder der Seitenzuführung eines Edukts, um den CO_2-Umsatz zu erhöhen bzw. die Temperaturgradienten zu verkleinern. Ohya et al. (Ohya et al. 1997) testeten eine H_2O-permselektive Membran, um den CO_2-Umsatz zu erhöhen, während Schlereth und Hinrichsen (2014) die Seitenzufuhr von CO_2 über eine integrierte Membran untersuchten, um die Temperaturregelung zu verbessern. Das Entfernen von H_2O während des Prozesses begünstigt die Methanisierung nach dem Prinzip von Le Chatelier, so dass mehr von CH_4 erzeugt wird. Darüber hinaus kann das Produktgas mit geringerem Aufwand auf SNG konditioniert werden. Die Zugabe von CO_2 in den Reaktor durch eine Membran führt zur Verteilung der Reaktionswärme entlang des Reaktors und einfacher Lenkung der Prozesstemperatur. Die Hauptnachteile der Membranreaktoren sind die Kosten der Membranen und der Aufwand des Membranaustausches in regelmäßigen Zeitabständen.

Das Sorptionsreaktorkonzept wird bereits für mehrere Prozesse wie die (reversible) Wassergas-Shift-Reaktion und Dampfreformierung angewendet (Carvill et al. 1996; Cobden et al. 2007; Harrison 2008; Cunha et al. 2013; Lebarbier et al. 2014). Das Konzept basiert auch auf dem Prinzip von Le Chatelier, sodass ein Reaktionsprodukt aus der Reaktionszone durch ein Adsorptionsmittel entfernt wird und der Prozess damit in Richtung der Produkte begünstigt wird. Der Umsatz kann demzufolge fast 100 % erreichen. Das beladene Adsorptionsmittel wird dann periodisch in situ unter Druckentspannung oder/und Temperaturerhöhung regeneriert, so dass es wiederverwendet werden kann. Walspurger et al. (2014) untersuchten das Reaktorkonzept für die Methanierung. Sie verwendeten einen kommerziellen Nickel-basierten Katalysator und Zeolith 4 A als Adsorptionsmittel, um H_2O zu fangen. Sie führten den Prozess unter Temperaturen im Bereich von 250–350 °C, wo sie fast 100 % CO_2-Umsatz erreichen konnten. Weitere Demonstrationsexperimente finden sich in Refs. (Miguel et al. 2017; Borgschulte et al. 2013). Obwohl das Konzept attraktive Vorteile wie relativ hohe Stoffumwandlungseffizienz und keine Wasserkondensation nach der Methanisierung bietet, ist es ein kompliziertes Konzept und könnte aufgrund der Regenerationszyklen kurze Lebensdauer haben.

Tab. 4.3 fasst die Vorteile und Nachteile der diskutierten Reaktoren zusammen. Außer den Festbettreaktoren befinden sich die anderen Reaktorkonzepte im Entwicklungsstadium. Ihre technologische und wirtschaftliche Machbarkeit für die Anwendung in PtM-Prozessen muss zuerst nachgewiesen werden. Die Festbettreaktoren werden bereits auf dem Markt angeboten, z. B. von Outotec, Etogas und MAN (Rönsch et al. 2016).

Tab. 4.3 Vorteile und Nachteile der diskutierten Reaktorkonzepte für die Methanisierung

Reaktor	Vorteile	Nachteile
Festbett		
• Adiabat	Einfaches System, niedrige Kapitalkosten	Hot Spots; Ungeeignet für den instationären Betrieb
• Polytrop	Niedrige Kapitalkosten	Wärmemanagement
Monolith	Relativ hohe spezifische Katalysatoroberfläche; kleiner Druckabfall; kurze Antwortzeit	Ungleichmäßige Gasverteilung; Hochskalierung limitiert
• Keramische Monolithen		Spröde
• Metallische Monolithen		Kurze Lebensdauer
Mikrokanal	Ausgezeichnete Wärmeübertragung	Einweg-System; Hochskalierung limitiert
Membran		Membranaustausch; Membrankosten
• Partielle Zufuhr eines Edukts	Gute Temperaturregelung	
• H_2O-Permeation	Hoher CO_2-Umsatz	
Sorption	Fast 100 % CO_2-Umsatz; relativ geringer Betriebsdruck	Diskontinuierliche Betriebsführung; Regenerationsaufwand

Power-to-Methane-Anlagen 5

In den letzten drei Kapiteln wurden die Grundoperationen der PtM-Prozesskette diskutiert. Sie können als entwickelt angesehen werden, da es mindestens eine reife Technologie für jede Grundoperation gibt. Allerdings gibt es bislang wenig Erfahrung mit dem gesamten PtM-System. Es gibt nur wenige Anlagen weltweit, die elektrische Energie und CO_2-haltiges Gas aufnehmen und CH_4-reiches Gas produzieren. In diesem Abschnitt werden zwei PtM-Anlagen in Betrieb und eine im Bau kurz besprochen.

5.1 ZSW-250-kW_{el}-Demonstrationsanlage

Die ZSW-250-kW_{el}-Demonstrationsanlage (Abb. 5.1) wurde Ende 2012 in Betrieb genommen (Bünger et al. 2014). Die Anlage besteht aus einem alkalischen Hochdruck-Elektrolyseur (250 kW_{el}), einem Methanisierungsmodul und einem Prozessleitsystem, das einen optimalen Betrieb gewährleistet (Specht und Zuberbühler 2013). Das Methanisierungsmodul umfasst einen Rohrbündelreaktor und einen Plattenreaktor, die einzeln oder kombiniert betrieben werden können. Um die Bildung von Hotspots zu vermeiden, wird der Röhrenbündelreaktor mit dem Eduktgas stufenweise entlang der Strömungsrichtung dosiert und mit einer Salzschmelze gekühlt. Der Plattenreaktor wird mit Wasser gekühlt (Specht et al. 2016). Zur Erhöhung des Methangehalts im Ausgang wird Wasserdampf zwischen den Reaktoren durch einen Kondensator entfernt oder das Ausgangsgas durch eine Membraneinheit, das H_2 permeiert, aufbereitet. Im zweiten Fall wird nur eine einstufige Methanisierung durchgeführt (Specht et al. 2016).

K. Ghaib, *Das Power-to-Methane-Konzept*, essentials,
https://doi.org/10.1007/978-3-658-19726-1_5

Abb. 5.1 Audi e-gas. (Quelle: EWE)

5.2 Audi e-gas

Audi e-gas (Abb. 5.1) ist eine industrielle PtM-Anlage. Sie wurde im vierten Quartal des Jahres 2013 in Betrieb genommen (Bailera et al. 2017). CO_2 wird aus Biogas durch die Aminabsorption gewonnen. H_2 wird durch drei alkalische Elektrolyseure mit einer Gesamtkapazität von 6 MW erzeugt und in einem Tank bei ca. 10 bar gespeichert, bevor das Gas in den Methanisierungsreaktor eingespeist wird (Specht et al. 2015). Der Methanisierungsprozess findet in einem einzigen Rohrbündelreaktor, der mit einer Salzschmelze gekühlt wird, statt. Um die Bildung von Hotspots zu vermeiden, werden die Edukte stufenweise entlang des Reaktors zugeführt. Das Produktgas wird abgekühlt, getrocknet und als SNG in das Erdgasnetz in Werlte eingespeist. Es wird prognostiziert, dass die Anlage mit überschüssigem Strom für 4000 h pro Jahr betrieben werden kann. Die aus dem Methanisierungsreaktor freigesetzte Wärme wird zur Regenerierung des Aminabsorptionsmittels verwendet (Specht et al. 2016). Die Performance-Daten der Anlage sind in Tab. 5.1 aufgelistet.

5.3 HELMETH-Projekt

Im Rahmen des HELMETH-Projektes wird eine hocheffiziente PtM-Anlage realisiert, die nach Ref. (HELMETH 2017) noch im Jahr 2017 in Betrieb genommen wird. Die Konzeptentwickler streben eine ehrgeizige Strom-zu-SNG-effizienz

Tab. 5.1 Performance-Daten von Audi e-gas. (Otten 2014)

Spezifikation	Wert
Spezifische Energie von SNG im Durchschnitt	13,85 kWh
Jährlicher Stromverbrauch (Prognose)	26–29 GWh/a
Strom-to-SNG-Effizienz (ohne Wärmenutzung)	54 %
Maximaler H_2-Strom aus den Elektrolyseuren	1300 Nm^3/h
Maximale H_2-Speicherzeit	60 min
Maximaler SNG-Strom aus der Anlage	325 Nm^3/h
Jährliche Betriebszeit (Prognose)	4000 h/a
Jährliche SNG-Produktion (Prognose)	1000 t/a

Abb. 5.2 SOEL-System. (Quelle: sunfire)

von über 85 % (HELMETH 2017). Das Konzept basiert auf einem SOEL-System (Abb. 5.2) und einem mehrstufigen Methanisierungsmodul, wobei die beiden Umwandlungseinheiten thermisch gekoppelt werden. Die aus dem Methanisierungsmodul freigesetzte Wärme wird verwendet, um Wasser für die Elektrolyse zu verdampfen (Bailera et al. 2017). Das SOEL-System weist eine Leistungsklasse von 15 kW auf und wird bei 800 °C und 15 bar betrieben (Bailera et al. 2017). Das Methanisierungsmodul besteht aus zwei Festbettreaktoren in Serie mit

Zwischenkondensation. Die Reaktoren werden bei 300 °C und 30 bar mit einem Ni-basierten Katalysator betrieben (HELMETH 2017). Es wird erwartet, dass die Anlage unter Teillasten bis zu 20 % der Nennkapazität betrieben wird. Das Projektbudget beträgt 3,8 Mio. (Landgraf 2014).

Zusammenfassung 6

Die Energietechnik ist derzeit einem starken Wandel unterworfen. Durch die Zunahme der Nutzung der variablen erneuerbaren Energiequellen im Stromversorgungssystem entsteht die Herausforderung der überschüssigen elektrischen Energie, die bewältigt werden muss.

Ein vielversprechendes Verfahren zur Speicherung bzw. anderweitigen Nutzung von Überschuss elektrischer Energie ist das PtM-Konzept. Das erzeugte Produkt CH_4 kann rückverstromt werden oder in den verschiedenen Sektoren, wo CH_4 benötigt wird, verwendet werden.

Eine PtM-Anlage besteht in der Regel aus den folgenden Kernkomponenten: einem Wasserelektrolyseur, der elektrische Energie in chemische Energie in Form von H_2 umwandelt; einer CO_2-Aufbereitungseinheit, wenn CO_2 in einem ungeeigneten Gasgemisch vorliegt; und einem Methanisierungsreaktor, der H_2 und CO_2 in CH_4 und H_2O umwandelt.

In dem Elektrolyse-Schritt wird H_2O in H_2 und O_2 mithilfe des elektrischen Gleichstroms gespalten. Der Elektrolyse-Prozess kann unter verschiedenen Technologien ablaufen. Die bekanntesten Technologien sind AEL, PEMEL und SOEL. Die AEL ist die reifste Technologie. Sie zeichnet sich durch relativ gute technische und wirtschaftliche Eigenschaften aus. Allerdings wird die Korrosion ihr traditioneller Nachteil bleiben. PEMEL weist eine höhere Leistungs-zu-Wasserstoff-Effizienz, eine kürzere Antwortzeit und eine höhere Lastflexibilität auf. Die PEMEL-Technologie ist jedoch teurer und hat eine geringere Haltbarkeit. Die SOEL ist eine viel sprechende Technologie. Ihr Hauptvorteil ist ihr sehr niedriger spezifischer elektrischer Energieverbrauch in kWh pro erzeugten Nm^3 Wasserstoff. Die Technologie ist aber noch in der Entwicklungsphase. Große Entwicklungsschritte müssen zuerst vollzogen werden.

K. Ghaib, *Das Power-to-Methane-Konzept,* essentials,
https://doi.org/10.1007/978-3-658-19726-1_6

CO_2 kann aus Biomasseanlagen, Kraftwerken, industriellen Prozessen und Umgebungsluft gewonnen werden, wobei je höher der CO_2-Partialdruck ist, desto attraktiver ist die Quelle. Für die CO_2-Aufbereitung gibt es eine Reihe von Technologien, die auf den folgenden verfahrenstechnischen Prinzipien basieren: Absorption, Adsorption, Membran und kryogene Destillation.

Die Methanisierung ist der zweite und letzte Umwandlungsprozess der PtM-Prozesskette. Der Prozess wird mit abnehmender Temperatur und zunehmendem Druck begünstigt. Neben CH_4 können Nebenprodukte wie Kohlenstoffmonoxid, Kohlenstoff und kurzkettige Alkane und Alkene gebildet werden. Unter Verwendung eines geeigneten Katalysators kann jedoch eine hohe Effizienz des CO_2-zu-CH_4-Pfades erreicht werden.

Verschiedene Metalle wurden für die Katalyse der Methanisierung getestet. Es wurde bewiesen, dass viele Metalle der Gruppe VIIIB im Periodensystem der Elemente die Methanisierung von CO_2 katalysieren können. Andererseits wird die Aktivität eines Katalysators durch das Trägermaterial beeinflusst. Die Auswahl des richtigen Materials ist somit ein wichtiger Faktor für eine effiziente Methanisierung. Al_2O_3, SiO_2, ZrO_2, CeO_2, La_2O_3, MgO und Zeolithe sind potenziale Trägermaterialien.

Die Methanisierung ist ein stark exothermer und temperaturabhängiger Prozess, daher sind die Wärmeabfuhr und Temperaturregelung die Schlüsselparameter bei der Konstruktion von funktionierenden und nachhaltigen Methanisationsreaktoren. Zahlreiche Reaktorkonzepte wurden für die Methanisierung adaptiert. Die am meisten diskutierten Konzepte sind Festbett-, Monolith-, Mikrokanal-, Membran- und Sorptionsreaktoren, wobei der Festbetttyp das weit entwickelte Konzept für die Methanisierung ist.

PtM kann im zukünftigen Energiesektor eine wichtige Rolle spielen. Neben der Speicherung der elektrischen Energie kann die Technologie das Stromnetz mit verschiedenen Sektoren wie Transport und chemischer Industrie anschließen. Ein weiterer Vorteil des PtM ist, dass das erzeugte CH_4 eine Senke für CO_2-Emissionen darstellt. Technologien zur Durchführung der Grundoperationen der PtM-Prozesskette sind weit entwickelt. Allerdings gibt es bislang wenig Erfahrung mit dem gesamten System. Die zukünftige Forschung muss sich auch auf die Integration von PtM in den Energiesektor konzentrieren, um das reale Potenzial dieser Technologie vorzuzeigen.

Was Sie aus diesem *essential* mitnehmen können

- Thermodynamik der Elektrolyse und Methanisierung.
- Stand der Technik bei der Elektrolyse und Methanisierung.
- Welche CO_2-Quellen als potenzielle Kandidaten für Power-to-Methane gelten.
- Überblick über die verschiedenen Technologien für die CO_2-Aufbereitung.
- Informationen über Power-to-Methane-Anlagen in Betrieb bzw. im Bau.

K. Ghaib, *Das Power-to-Methane-Konzept*, essentials,
https://doi.org/10.1007/978-3-658-19726-1

Literatur

Aaron, D., & Tsouris, C. (2005). Separation of CO_2 from flue gas: A review. *Separation Science and Technology, 40*(1–3), 321–348. doi:10.1081/SS-200042244.

Abe, T., Tanizawa, M., Watanabe, K., & Taguchi, A. (2009). CO_2 methanation property of Ru nanoparticle-loaded TiO_2 prepared by a polygonal barrel-sputtering method. *Energy & Environmental Science, 2,* 315–321. doi:10.1039/B817740F.

Adamson, R., Hobbs, M., Silcock, A., & Willis, M. J. (2017). Steady-state optimisation of a multiple cryogenic air separation unit and compressor plant. *Applied Energy, 189,* 221–232. doi:10.1016/j.apenergy.2016.12.061.

Aksolyu, A. E., Akin, A. N., Zonsan, Z. I., & Trimm, D. L. (1996). Structure/activity relationships in coprecipitated nickel-alumina catalysts using CO_2 adsorption and methanation. *Applied Catalysis A: General, 145*(1–2), 185–193. doi:10.1016/0926-860X(96)00143-3.

Aldana, P. A. U., Ocampo, F., Kobl, K., Louis, B., Thibault-Starzyk, F., & Daturi, M., et al. (2013). Catalytic CO_2 valorization into CH_4 on Ni-based ceria-zirconia. Reaction mechanism by operando IR spectroscopy. *Catalysis Today, 215,* 201–207. doi:10.1016/j.cattod.2013.02.019.

Atkins, P. W., & Paula, J . D. (2006). *Physikalische Chemie* (5. Aufl.). Weinheim: Wiley.

Bailera, M., Lisbona, P., Romeo, L. M., & Espatolero, S. (2017). Power to Gas projects review: Lab, pilot and demo plants for storing renewable energy and CO_2. *Renewable & Sustainable Energy Reviews, 69,* 292–312. doi:10.1016/j.rser.2016.11.130.

Balat, M., Balat, H., & Öz, C. (2008). Progress in bioethanol processing. *Progress in Energy and Combustion Science, 34,* 551–573. doi:10.1016/j.pecs.2007.11.001.

Bartholomew, C. H., Agrawal, P. K., & Katzer, J. R. (1982). Sulfur poisoning of metals. *Advances in Catalysis, 31,* 135–242. doi:10.1016/S0360-0564(08)60454-X.

Bertuccioli, L., Chan, A., Hart, D., Lehner, F., Madden, B., & Standen, E. (2014). Development of water electrolysis in the European Union. Lausanne: E4tech Sàrl with Element Energy Ltd.

Bhandari, R., Trudewind, C. A., & Zapp, P. (2014). Life cycle assessment of hydrogen production via electrolysisea review. *Journal of Cleaner Production, 85,* 151–163. doi:10.1016/j.jclepro.2013.07.048.

K. Ghaib, *Das Power-to-Methane-Konzept,* essentials,
https://doi.org/10.1007/978-3-658-19726-1

Bhown, A. S., & Freeman, B. C. (2011). Analysis and status of post-combustion carbon dioxide capture technologies. *Environmental Science & Technology, 45,* 8624–8632. doi:10.1021/es104291d.

Borgschulte, A., Gallandat, N., Probst, B., Suter, R., Callini, E., Ferri, D., et al. (2013). Sorption enhanced CO_2 methanation. *Physical Chemistry Chemical Physics, 15*(24), 9620–9625. doi:10.1039/C3CP51408K.

Bünger, U., Landinger, H., Pschorr-Schoberer, E., Schmidt, P., Weindorf, W., Jöhrens, J., et al. (2014). *Power-to-Gas (PtG) im Verkehr: Aktueller Stand und Entwicklungsperspektiven*. Berlin: Deutsches Zentrum für Luft- und Raumfahrt e. V.

Cai, M., Wen, J., Chu, W., Cheng, X., & Li, Z. (2011). Methanation of carbon dioxide on Ni/ZrO_2-Al_2O_3 catalysts: Effects of ZrO_2 promoter and preparation method of novel ZrO_2-Al_2O_3 carrier. *Journal of Natural Gas Chemistry, 20*(3), 318–324. doi:10.1016/S1003-9953(10)60187-9.

Carvill, B. T., Hufton, J. R., Anand, M., & Sircar, S. (1996). Sorption-enhanced reaction process. *AIChE Journal, 42,* 2765–2772. doi:10.1002/aic.690450205.

Cerri, I., Lefebvre-Joud, F., Holtappels, P., Honegger, K., Stubos, T., & Millet, P. (2012). Scientific assessment in support of the materials roadmap enabling low carbon energy technologies: Hydrogen and fuel cells. Technical University of Denmark.

Chaffee, A. L., Knowles, G. P., Liang, Z., Zhang, J., Xiao, P., & Webley, P. A. (2007). CO_2 capture by adsorption: Materials and process development. *International Journal of Greenhouse Gas Control, 1*(1), 11–18. doi:10.1016/S1750-5836(07)00031-X.

Chang, F. W., Tsay, M. T., & Liang, S. P. (2001). Hydrogenation of CO_2 over nickel catalysts supported on rice husk ash prepared by ion exchange. *Applied Catalysis A: General, 209,* 217–227. doi:10.1016/S0926-860X(00)00772-9.

Chauveau, F., Mougin, J., Bassat, J. M., Mauvy, F., & Grenier, J. C. (2010). A new anode material for solid oxide electrolyser: The neodymium nickelate $Nd_2NiO_4+\delta$. *Journal of Power Sources, 195,* 744–749. doi:10.1016/j.jpowsour.2009.08.003.

Chauveau, F., Mougin, J., Mauvy, F., Bassat, J. M., & Grenier, J. C. (2011). Development and operation of alternative oxygen electrode materials for hydrogen production by high temperature steam electrolysis. *International Journal of Hydrogen Energy, 36,* 7785–7790. doi:10.1016/j.ijhydene.2011.01.048.

Chen, K. F., Ai, N., & Jiang, S. P. (2012). Enhanced electrochemical performance and stability of (La, Sr)MnO_3–(Gd, Ce)O_2 oxygen electrodes of solid oxide electrolysis cells by palladium infiltration. *International Journal of Hydrogen Energy, 37,* 1301–1310. doi:10.1016/j.ijhydene.2011.10.015.

Choi, S., Drese, J. H., & Jones, C. W. (2009). Adsorbent materials for carbon dioxide capture from large anthropogenic point sources. *ChemSusChem, 2*(9), 796–854. doi:10.1002/cssc.200900036.

Cobden, P. D., Beurden, P. V., Reijers, H. T. J., Elzinga, G. D., Kluiters, S. C. A., Dijkstra, J. W., et al. (2007). Sorption-enhanced hydrogen production for pre-combustion CO_2 capture: Thermodynamic analysis and experimental results. *International Journal of Greenhouse Gas Control, 1,* 170–179. doi:10.1016/S1750-5836(07)00021-7.

Cunha, A. F., Wu, Y. J., Santos, J. C., & Rodrigues, A. E. (2013). Sorption enhanced steam reforming of ethanol on hydrotalcite-like compounds impregnated with active copper. *Chemical Engineering Research and Design, 91,* 581–592. doi:10.1016/j.cherd.2012.09.015.

Cybulski, A., & Moulijn, J. A. (2006). *Structured catalysts and reactors* (2. Aufl.). Boca Raton: CRC Press.

Dale, N. V., Mann, M. D., & Salehfar, H. (2008). Semiempirical model based on thermodynamic principles for determining 6 kW proton exchange membrane electrolyzer stack characteristics. *Journal of Power Sources, 185*(2), 1348–1353. doi:10.1016/j.jpowsour.2008.08.054.

Darken, L. S., & Meier, H. F. (1942). Conductances of aqueous solutions of the hydroxides of lithium, sodium and potassium at 25°. *Journal of the American Chemical Society, 64,* 621–623. doi:10.1021/ja01255a046.

Edenhofer, O., Pichs-Madruga, R., Sokona, Y., Minx, J. C., Farahani, E., Kadner, S., Seyboth, K., Adler, A., Baum, I., Brunner, S., Eickemeier, P., Kriemann, B., Savolainen, J., Schlömer, S., Stechow, C. v., & Zwickel, T. (2014). Climate Change 2014: Mitigation of Climate Change. New York.

Falconer, J. L., & Zağli, A. E. (1980). Adsorption and methanation of carbon dioxide on a nickel/silica catalyst. *Journal of Catalysis, 62,* 280–285. doi:10.1016/0021-9517(80)90456-X.

Feng, B., Du, M., Dennis, T., Anthony, K., & Perumal, M. (2010). Reduction of energy requirement of CO_2 desorption by adding acid into CO_2-loaded solvent. *Energy Fuels, 24,* 213–219. doi:10.1021/ef900564x.

Frick, V., Brellochs, J., & Specht, M. (2014). Application of ternary diagrams in the design of methanation systems. *Fuel Processing Technology, 118,* 156–160. doi:10.1016/j.fuproc.2013.08.022.

Fukuhara, C., Hayakawa, K., Suzuki, Y., Kawasaki, W., & Watanabe, R. (2017). A novel nickel-based structured catalyst for CO_2 methanation: A honeycomb-type Ni/CeO_2 catalyst to transform greenhouse gas into useful resources. *Applied Catalysis A: General, 532,* 12–18. doi:10.1016/j.apcata.2016.11.036.

Gao, J., Liu, Q., Gu, F., Liu, B., Zhong, Z., & Su, F. (2015). Recent advances in methanation catalysts for the production of synthetic natural gas. *RSC Advances, 5,* 22759–22776. doi:10.1039/C4RA16114A.

Ghaib, K. (2016). Numerische Simulationen der katalytischen Methanisierung von CO_2 in einem pseudo-homogenen Strömungsrohr. *Chemie Ingenieur Technik, 88*(8), 1102–1108. doi:10.1002/cite.201500180.

Ghaib, K. (2017). Development of a model for water scrubbing based biogas upgrading and biomethane compression. *Chemical Engineering & Technology*. doi:10.1002/ceat.201700081.

Ghaib, K., Nitz, K., & Ben-Fares, F.-Z. (2016a). Katalytische Methanisierung von Kohlenstoffdioxid. *Chemie Ingenieur Technik, 88*(10), 1435–1443. doi:10.1002/cite.201600066.

Ghaib, K., Nitz, K. M., & Ben-Fares, F.-Z. (2016b). Chemical methanation of CO_2: A review. *ChemBioEng Reviews, 3*(6), 266–275. doi:10.1002/cben.201600022.

Gilliam, R. J., Graydon, J. W., Kirk, D. W., & Thorpe, S. J. (2007). A review of specific conductivities of potassium hydroxide solutions for various concentrations and temperatures. *International Journal of Hydrogen Energy, 32,* 359–364. doi:10.1016/j.ijhydene.2006.10.062.

Goeppert, A., Czaun, M., Prakash, G. K. S., & Olah, G. A. (2012). Air as the renewable carbon source of the future: An overview of CO_2 capture from the atmosphere. *Energy & Environmental Science, 5,* 7833–7853. doi:10.1039/C2EE21586A.

Gottlicher, G., & Pruschek, R. (1997). Comparison of CO_2 removal systems for fossil fuelled power plants. *Energy Conversion and Management, 38,* 173–178. doi:10.1016/S0196-8904(96)00265-8.

Götz, M., Lefebvre, J., Mörs, F., Koch, A. M., Graf, F., Bajohr, S., et al. (2016). Renewable power-to-gas: A technological and economic review. *Renewable Energy, 85,* 1371–1390. doi:10.1016/j.renene.2015.07.066.

Guo, M., & Lu, G. (2014a). The difference of roles of alkaline-earth metal oxides on silica-supported nickel catalysts for CO_2 methanation. *RSC Advances, 4,* 58171–58177. doi:10.1039/C4RA06202G.

Guo, M., & Lu, G. (2014b). The effect of impregnation strategy on structural characters and CO_2 methanation properties over MgO modified Ni/SiO_2 catalysts. *Catalysis Communications, 54,* 55–60. doi:10.1016/j.catcom.2014.05.022.

Habazaki, H., Yamasaki, M., Zhang, B., Kawashima, A., Kohno, S., Takai, T., et al. (1998). Co-methanation of carbon monoxide and carbon dioxide on supported nickel and cobalt catalysts prepared from amorphous alloys. *Applied Catalysis A: General, 172,* 131–140. doi:10.1016/S0926-860X(98)00121-5.

Hagen, J. (2004). *Chemiereaktoren* (1. Aufl.). Weinheim: Wiley.

Halim, A. Z. A., Ali, R., & Bakar, W. A. W. A. (2015). CO_2/H_2 methanation over M*/Mn/Fe-Al_2O_3 (M*: Pd, Rh, and Ru) catalysts in natural gas; optimization by response surface methodology-central composite design. *Clean Technologies and Environmental Policy, 17,* 627–636. doi:10.1007/s10098-014-0814-8.

Harrison, D. P. (2008). Sorption enhanced hydrogen production: a review. *Industrial & Engineering Chemistry Research, 47,* 6486–6501. doi:10.1021/ie800298z.

HELMETH. (2017). http://www.helmeth.eu/index.php/project. Zugegriffen: 21. Juni 2017.

Hino, R., Haga, K., Aita, H., & Sekita, K. (2004). 38. R&D on hydrogen production by high- temperature electrolysis of steam. *Nuclear Engineering and Design, 233,* 363–375. doi:10.1016/j.nucengdes.2004.08.029.

Holladay, J. D., Hu, J., King, D. L., & Wang, Y. (2009). An overview of hydrogen production technologies. *Catalysis Today, 139,* 244–260. doi:10.1016/j.cattod.2008.08.039.

House, K. Z., Baclig, A. C., Ranjan, M., Nierop, E. A. v., Wilcox, J., & Herzog, H. J. (2011). Economic and energetic analysis of capturing CO_2 from ambient air. *PNAS, 20*(108), 20428–20433. doi: 10.1073/pnas.1012253108.

Islam, M. S., Yusoff, R., Ali, B. S., Islam, M. N., & Chakrabarti, M. H. (2011). Degradation studies of amines and alkanolamines during sour gas treatment process. *International Journal of the Physical Sciences, 6,* 5883–5896. doi:10.5897/IJPS11.237.

Janke, C., Duyar, M. S., Hoskins, M., & Farrauto, R. (2014). Catalytic and adsorption studies for the hydrogenation of CO_2 to methane. *Applied Catalysis B: Environmental, 152–153*(1), 184–191. doi:10.1016/j.apcatb.2014.01.016.

Jeremiasse, A. W., Hamelers, H. V. M., Kleijn, J. M., & Buisman, C. J. N. (2009). Use of biocompatible buffers to reduce the concentration overpotential for hydrogen evolution. *Environmental Science & Technology, 43*(17), 6882–6887. doi:10.1021/es9008823.

Jiang, Y., Gao, J., Liu, M., Wang, Y., & Meng, G. (2007). Fabrication and characterization of Y_2O_3 stabilized ZrO_2 films deposited with aerosol-assisted MOCVD. *Solid State Ionics, 177,* 3405–3410. doi:10.1016/j.ssi.2006.10.009.

Jones, C. W. (2011). CO_2 capture from dilute gases as a component of modern global carbon management. *Annual Review of Chemical and Biomolecular Engineering, 2,* 31–52. doi:10.1146/annurev-chembioeng-061010-114252.

Kangas, P., Vázquez, F. V., Savolainen, J., Pajarre, R., & Koukkari, P. (2017). Thermodynamic modelling of the methanation process with affinity constraints. *Fuel, 197,* 217–225. doi:10.1016/j.fuel.2017.02.029.

Kaninski, M. P. M., Maksic, A. D., Stojic, D. L., & Miljanic, S. S. (2004). Ionic activators in the electrolytic production of hydrogen-cost reduction-analysis of the cathode. *Journal of Power Sources, 131,* 107–111. doi:10.1016/j.jpowsour.2004.01.005.

Kao, Y. L., Lee, P. H., Tseng, Y. T., Chien, I. L., & Ward, J. D. (2004). Design, control and comparison of fixed-bed methanation reactor systems for the production of substitute natural gas. *Journal of the Taiwan Institute of Chemical Engineers, 45,* 2346–2357. doi:10.1016/j.jtice.2014.06.024.

Karelovic, A., & Ruiz, P. (2013). Improving the hydrogenation function of Pd/c-Al_2O_3 catalyst by Rh/c-Al_2O_3 addition in CO_2 methanation at low temperature. *ACS Catalysis, 3,* 2799–2812. doi:10.1021/cs400576w.

Khedim, H., Nonnet, H., & Méar, F. O. (2012). Development and characterization of glass-ceramic sealants in the (CaO-Al_2O_3-SiO_2-B_2O_3) system for solid oxide electrolyzer cells. *Journal of Power Sources, 216,* 227–236. doi:10.1016/j.jpowsour.2012.05.041.

Kok, E., Scott, J., Cant, N., & Trimm, D. (2011). The impact of ruthenium, lanthanum and activation conditions on the methanation activity of alumina-supported cobalt catalysts. *Catalysis Today, 164,* 297–301. doi:10.1016/j.cattod.2010.11.011.

Landgraf, M. (2014). Power to gas: storing the wind and sun in natural gas. Karlsruhe Institute of Technology. https://www.kit.edu/downloads/pi/KIT_PI_2014_044_engl_Power_to_Gas_Storing_the_Wind_and_Sun_in_Natural_Gas.pdf. Zugegriffen: 21. Juni 2017.

Lapidus, A. L., Gaidai, N. A., Nekrasov, N. V., Tishkova, L. A., Agafonov, Y. A., & Myshenkova, T. N. (2007). The mechanism of carbon dioxide hydrogenation on copper and nickel catalysts. *Petroleum Chemistry, 47,* 75–82. doi:10.1134/S0965544107020028.

Laude, A., Ricci, O., Bureau, G., Royer-Adnot, J., & Fabbri, A. (2011). CO_2 capture and storage from a bioethanol plant: Carbon and energy footprint and economic assessment. *International Journal of Greenhouse Gas Control, 5*(5), 1220–1231. doi:10.1016/j.ijggc.2011.06.004.

Lebarbier, V. M., Dagle, R. A., Kovarik, L., Albrecht, K. O., Li, X., Li, L., et al. (2014). Sorption-enhanced synthetic natural gas (SNG) production from syngas: A novel process combining co methanation, water-gas shift, and CO_2 capture. *Applied Catalysis B: Environmental, 144,* 223–232. doi:10.1016/j.apcatb.2013.06.034.

Lehner, M., Tichler, R., Steinmüller, H., & Koppe, M. (2014). *Power-to-gas: Technology and business models*. Heidelberg: Springer.

Leroy, R. L., Bowen, C. T., & Leroy, D. J. (1980). The thermodynamics of aqueous water electrolysis. *Electrochemical Society, 127,* 1954–1962.

Li, J., Ma, Y. Y., McCarthy, M. C., Sculley, J., Yub, J., Jeong, H. H.-K., et al. (2011). Carbon dioxide capture-related gas adsorption and separation in metal-organic frameworks. *Coordination Chemistry Reviews, 255*(15–16), 1791–1823. doi:10.1016/j.ccr.2011.02.012.

Li, Y., Zhang, Q., Chai, R., Zhao, G., Liu, Y., & Lu, Y. (2015). Ni-Al_2O_3/Ni-Foam catalyst with enhanced heat transfer for hydrogenation of CO_2 to methane. *AIChE Journal, 61*(12), 4323–4331. doi:10.1002/aic.14935.

Liang, M., Yu, B., Wen, M., Chen, J., Xu, J., & Zhai, Y. (2009). Preparation of LSM-YSZ composite powder for anode of solid oxide electrolysis cell and its activation mechanism. *Journal of Power Sources, 190,* 341–345. doi:10.1016/j.jpowsour.2008.12.132.

Lin, H., & Freeman, B. D. (2004). Gas solubility, diffusivity and permeability in poly(ethylene oxide). *Journal of Membrane Science, 239*(1), 105–117. doi:10.1016/j.memsci.2003.08.031.

Ling, J., Xiao, P., Ntiamoah, A., Xu, D., Webley, P., & Zhai, Y. (2016). Strategies for CO_2 capture from different CO_2 emission sources by vacuum swing adsorption technology. *Chinese Journal of Chemical Engineering, 24,* 460–467. doi:10.1016/j.cjche.2015.11.030.

Liu, H., Zou, X., Wang, X., Lu, X., & Ding, W. (2012). Effect of CeO_2 addition on Ni/Al_2O_3 catalysts for methanation of carbon dioxide with hydrogen. *Journal of Natural Gas Chemistry, 21,* 703–707. doi:10.1016/S1003-9953(11)60422-2.

Maksic, A. D., Miulovic, S. M., Nikolic, V. M., Perovic, I. M., & M. P. M. Kaninski (2011). Energy consumption of the electrolytic hydrogen production using Ni–W based activators – Part I. *Applied Catalysis A: General, 405,* 25–28. doi: 10.1016/j.apcata.2011.07.017.

Maqsood, K., Ali, A., Shariff, A. B. M., & Ganguly, S. (2017). Process intensification using mixed sequential and integrated hybrid cryogenic distillation network for purification of high CO_2 natural gas. *Chemical Engineering Research and Design, 117,* 414–438. doi:10.1016/j.cherd.2016.10.011.

Marangio, F., Santarelli, M., & Cali, M. (2009). Theoretical model and experimental analysis of a high pressure PEM water electrolyser for hydrogen production. *International Journal of Hydrogen Energy, 34*(3), 1143–1158. doi:10.1016/j.ijhydene.2008.11.083.

Metz, B., Davidson, O., Coninck, H. d., Loos, M., & Meyer, L. 2005. Carbon dioxide capture and storage. Cambridge.

Miguel, C. V., Soria, M. A., Mendes, A., & Madeira, L. M. (2017). A sorptive reactor for CO_2 capture and conversion to renewable methane. *Chemical Engineering Journal, 322,* 590–602. doi:10.1016/j.cej.2017.04.024.

Mihet, M., & Lazar, M. D. (2016). Methanation of CO_2 on Ni/γ-Al_2O_3: Influence of Pt, Pd or Rh promotion. *Catalysis today*. doi: 10.1016/j.cattod.2016.12.001.

Millet, P., & Grigoriev, S. (2013). Water Electrolysis Technologies. In Luis Gandia & Gurutze Arzamediund Pedro Dieguez (Hrsg.), *Renewable hydrogen technologies*. Amsterdam: Elsevier.

Müller-Erlwein, E. (2007). *Chemische Reaktionstechnik* (2. Aufl.). Wiesbaden: Teubner Verlag.

Munoz, R., Meier, L., Diaz, I., & Jeison, D. (2015). A review on the state-of-the-art of physical/chemical and biological technologies for biogas upgrading. *Reviews in Environmental Science and Bio/Technology, 14,* 727–759. doi:10.1007/s11157-015-9379-1.

Nguyen, T. T. M., Wissing, L., & Skjøth-Rasmussen, M. S. (2013). High temperaturemethanation: Catalyst considerations. *Catalysis Today, 215,* 233–238. doi:10.1016/j.cattod.2013.03.035.

Nikolic, V. M. T. G., Maksic, A. D., Saponjic, D. P., Miulovic, S. M., & Kaninski, M. P. M. (2010). Raising efficiency of hydrogen generation from alkaline water electrolysis – energy saving. *International Journal of Hydrogen Energy, 35,* 12369–12373. doi:10.1016/j.ijhydene.2010.08.069.

Ocampo, F., Louis, B., Kiwi-Minsker, L., & Roger, A.-C. (2011). Effect of Ce/Zr composition and noble metal promotion on nickel based $Ce_xZr_{1-x}O_2$ catalysts for carbon dioxide methanation. *Applied Catalysis A: General, 392,* 36–44. doi:10.1016/j.apcata.2010.10.025.

Ohya, H., Fun, J., Kawamura, H., Itoh, K., Ohashi, H., Aihara, M., et al. (1997). Methanation of carbon dioxide by using membrane reactor integrated with water vapor permselective membrane and its analysis. *Journal of Membrane Science, 131*(1–2), 237–247. doi:10.1016/S0376-7388(97)00055-0.

Othmer, K. (2007). *Encyclopedia of chemical technology*. New York: Wiley.

Otten, R. 2014. The first industrial PtG plant – Audi e-gas as driver for the energy turnaround. Paper read at CEDEC Gas Day, at Verona.

Paidar, M., Fateev, V., & Bouzek, K. (2016). Membrane electrolysis–History, current status and perspective. *Electrochimica Acta, 209,* 737–756. doi:10.1016/j.electacta.2016.05.209.

Park, J.-N., & McFarland, E. W. (2009). A highly dispersed Pd–Mg/SiO_2 catalyst active for methanation of CO_2. *Journal of Catalysis, 266,* 92–97. doi:10.1016/j.jcat.2009.05.018.

Parra, D., & Patel, M. K. (2016). Techno-economic implications of the electrolyser technology and size for power-to-gas systems. *International Journal of Hydrogen Energy, 41,* 3748–3761. doi:10.1016/j.ijhydene.2015.12.160.

Perkas, N., Amirian, G., Zhong, Z., Teo, J., Gofer, Y., & Gedanken, A. (2009). Methanation of carbon dioxide on Ni catalysts on mesoporous ZrO_2 doped with rare earth oxides. *Catalysis Letters, 130,* 455–462. doi:10.1007/s10562-009-9952-8.

Powell, C. E., & Qiao, G. G. (2006). Polymeric CO_2/N_2 gas separation membranes for the capture of carbon dioxide from power plant flue gases. *Journal of Membrane Science, 279*(1–2), 1–49. doi:10.1016/j.memsci.2005.12.062.

Rackley, S. A. (2010). *Carbon capture and storage*. Amsterdam: Elsevier.

Revankar, S. T., & Majumdar, P. (2014). *Fuel cells: Principles, design, and analysis*. Boca Raton: CRC Press.

Rönsch, S., & Ortwein, A. (2011). Methanisierung von Synthesegasen – Grundlagen und Verfahrensentwicklungen. *Chemie Ingenieur Technik, 83*(8), 1200–1208. doi:10.1002/cite.201100013.

Rönsch, S., Schneider, J., Matthischke, S., Schlüter, M., Götz, M., Lefebvre, J., et al. (2016). Review on methanation – From fundamentals to current projects. *Fuel, 166,* 276–296. doi:10.1016/j.fuel.2015.10.111.

Rostrup-Nielsen, J. R., Pedersen, K., & Sehested, J. (2007). High temperaturemethanation sintering and structure sensitivity. *Applied Catalysis A: General, 330,* 134–138. doi:10.1016/j.apcata.2007.07.015.

Rynkowski, J. M., Paryjczak, T., Lewicki, A., Szynkowska, M. I., Maniecki, T. P., & Józwiak, W. K. (2000). Characterization of Ru/CeO_2–Al_2O_3 catalysts and their performance in CO_2 methanation. *Reaction Kinetics and Catalysis Letters, 71,* 55–64. doi:10.1023/A:1010326031095.

Sadeghi, F., Tirandazi, B., Khalili-Garakani, A., Nasseri, S., Nodehi, R. N., & Mostouf, N. (2017). Investigating the effect of channel geometry on selective catalytic reduction of NOx in monolith reactors. *Chemical Engineering Research and Design, 118,* 21–30. doi:10.1016/j.cherd.2016.12.003.

Sakwa-Novak, M. A., Yoo, C.-J., Tan, S., Rashidi, F., & Jones, C. W. (2016). Poly(ethylenimine)-functionalized monolithic alumina honeycomb adsorbents for CO_2 capture from air. *ChemSusChem, 9*(14), 1859–1868. doi:10.1002/cssc.201600404.

Santos, K Gd, Eckert, C. T., Rossi, E. D., Bariccatti, R. A., Frigo, E. P., Lindino, C. A., et al. (2017). Hydrogen production in the electrolysis of water in Brazil, a review. *Renewable & Sustainable Energy Reviews 68, 68,* 563–571. doi:10.1016/j.rser.2016.09.128.

Sanz-Perez, E. S., Murdock, C. R., Didas, S. A., & Jones, C. W. (2016). Direct capture of CO_2 from ambient air. *Chemical Reviews, 116,* 11840–11876. doi:10.1021/acs.chemrev.6b00173.

Sayari, A., Belmabkhout, Y., & Serna-Guerrero, R. (2011). Flue gas treatment via CO_2 adsorption. *Chemical Engineering Journal, 171*(3), 760–774. doi:10.1016/j.cej.2011.02.007.

Schaaf, T., Grünig, J., Schuster, M., & Orth, A. (2014). Speicherung von elektrischer Energie im Erdgasnetz – Methanisierung von CO_2-haltigen Gasen. *Chemie Ingenieur Technik, 86*(4), 476–485. doi:10.1002/cite.201300144.

Schiebahn, S., Grube, T., Robinius, M., Tietze, V., Kumar, B., & Stolten, D. (2015). Power to gas: Technological overview, systems analysis and economic assessment for a case study in Germany. *International Journal of Hydrogen Energy, 40,* 4285–4294. doi:10.1016/j.ijhydene.2015.01.123.

Schlereth, D., & Hinrichsen, O. (2014). A fixed-bed reactor modeling study on themethanation of CO_2. *Chemical Engineering Research and Design, 92,* 702–712. doi:10.1016/j.cherd.2013.11.014.

Schoder, M., Armbruster, U., & Martin, A. (2012). Heterogen katalysierte Hydrierung von Kohlendioxid zu Methan unter erhöhten Drücken. *Chemie Ingenieur Technik, 85*(3), 344–352. doi:10.1002/cite.201200112.

Sharma, S., Hu, Z., Zhang, P., McFarland, E. W., & Metiu, H. (2011). CO_2 methanation on Ru-doped ceria. *Journal of Catalysis, 278*(2), 297–309. doi:10.1016/j.jcat.2010.12.015.

Sircar, S., Golden, T. C., & Rao, M. B. (1996). Activated carbon for gas separation and storage. *Carbon, 34*(1), 1–12. doi:10.1016/0008-6223(95)00128-X.

Siriwardane, R. V., Shen, M.-S., Fisher, E. P., & Poston, J. A. (2001). Adsorption of CO_2 on molecular sieves and activated carbon. *Energy Fuels, 15,* 279–284. doi:10.1021/ef000241s.

Smolinka, T. (2009). Water Electrolysis. In G. Jürgen (Hrsg.), *Encyclopedia of electrochemical power sources*. Amsterdam: Elsevier.

Song, C., Liu, Q., Ji, N., Deng, S., Zhao, J., & Kitamura, Y. (2017). Advanced cryogenic CO_2 capture process based on Stirling coolers by heat integration. *Applied Thermal Engineering, 114,* 887–895. doi:10.1016/j.applthermaleng.2016.12.049.

Song, H., Yang, J., Zhao, J., & Chou, L. (2010). Methanation of Carbon Dioxide over a highly dispersed Ni/La_2O_3 Catalyst. *Chinese Journal of Catalysis, 31*(1), 21–23. doi:10.1016/S1872-2067(09)60036-X.

Specht, M., Brellochs, J., Frick, V., Stürmer, B., & Zuberbühler, U. (2015). Technische Umsetzung der Power-to-Gas-Technologie (P2G®): Erzeugung von Erdgassubstitut durch katalytische Methanisierung von H_2/CO_2. In R. van Basshuysen (Hrsg.), *Erdgas und erneuerbares Methan für den Fahrzeugantrieb*. Wiesbaden: Springer.

Specht, M., Brellochs, J., Frick, V., Stürmer, B., & Zuberbühler, U. (2016). The power to gas process: Storage of renewable energy in the natural gas grid via fixed bed methanation of CO_2/H_2. In T. J. Schildhauerund, S. M. A. Biollaz (Hrsg.), *Synthetic natural gas from coal, Dry biomass, and power-to-gas applications*. New York: Wiley.

Specht, M., & Zuberbühler, U. (2013). Power-to-Gas (P2G®): Technology and system operation results. Paper read at elements of a greenhouse gas neutral society, at Berlin.

Spigarelli, B. P., & Kawatra, S. K. K. (2013). Opportunities and challenges in carbon dioxide capture. *Journal of CO_2 Utilization, 1*, 69–87. doi: 10.1016/j.jcou.2013.03.002.

Spinicci, R., & Tofanari, A. (1988). Comparative study of the activity of titania- and silica-based catalysts for carbon dioxide methanation. *Applied Catalysis, 41,* 241–252. doi:10.1016/S0166-9834(00)80395-4.

Stojic, D., Marceta, M. P., Sovilj, S. P., & Miljanic, Š. S. (2003). Hydrogen generation from water electrolysis– possibilities of energy saving. *Journal of Power Sources, 118*(1–2), 315–319. doi:10.1016/S0378-7753(03)00077-6.

Takano, H., Izumiya, K., Kumagai, N., & Hashimoto, K. (2011). The effect of heat treatment on the performance of the Ni/(Zr-Sm oxide) catalysts for carbon dioxide methanation. *Applied Surface Scienc, 257,* 8171–8176. doi:10.1016/j.apsusc.2011.01.141.

Takezaw, N., Terunuma, H., Shimokawabe, M., & Kobayashib, H. (1986). Methanation of carbon dioxide: Preparation of Ni/MgO catalysts and their performance. *Applied Catalysis, 23*(2), 291–298. doi:10.1016/S0166-9834(00)81299-3.

Tasic, G. S., Maslovara, S. P., Zugic, D. L., & Maksic, A. D. (2011). Characterization of the Ni–Mo catalyst formed in situ during hydrogen generation from alkaline water electrolysis. *International Journal of Hydrogen Energy, 36,* 11588–11595. doi:10.1016/j.ijhydene.2011.06.081.

Trovarelli, A., Leitenburg, C., & Dolcetti und Llorca, d G J. (1995). CO_2 methanation under transient and steady-state conditions over Rh/CeO_2 and CeO_2-promoted Rh/SiO_2: The role of surface and bulk ceria. *Journal of Catalysis, 151,* 111–124. doi:10.1006/jcat.1995.1014.

Ursúa, A., Martín, I. S., Barrios, E. L., & Sanchis, P. (2013). Stand-alone operation of an alkaline water electrolyser fed by wind and photovoltaic systems. *International Journal of Hydrogen Energy, 38*(35), 14952–14967. doi:10.1016/j.ijhydene.2013.09.085.

Walspurger, S., Elzinga, G. D., Dijkstra, J. W., Saric, M., & Haije, W. G. (2014). Sorption enhanced methanation for substitute natural gas production: Experimental results and thermodynamic considerations. *Chemical Engineering Journal, 242,*379–386. doi:10.1016/j.cej.2013.12.045.

Wang, M., Lawal, A., Stephenson, P., Sidders, J., & Ramshaw, C. (2011). Post-combustion CO_2 capture with chemical absorption: A state-of-the-art review. *Chemical Engineering Research and Design, 89*(9), 1609–1624. doi:10.1016/j.cherd.2010.11.005.

Wang, M., Wang, Z., Gong, X., & Guo, Z. (2014). The intensification technologies to water electrolysis for hydrogen production– A review. *Renewable Sustainable Energy Reviews, 29,* 573–588. doi:10.1016/j.rser.2013.08.090.

Weatherbee, G. D., & Bartholomew, C. H. (1982). Hydrogenation of CO_2 on group VIII metals: II. kinetics and mechanism of CO_2 hydrogenation on nickel. *Journal of Catalysis, 77,* 460–472. doi:10.1016/0021-9517(82)90186-5.

Weatherbee, G. D., & Bartholomew, C. H. (1984). Hydrogenation of CO_2 on group VIII metals: IV. Specific activities and selectivities of silica-supported Co, Fe, and Ru. *Journal of Catalysis, 87,* 352–362. doi:10.1016/0021-9517(84)90196-9.

Wendt, H., & Vogel, H. (2014). Die Bedeutung der Wasserelektrolyse in Zeiten der Energiewende. *Chemie Ingenieur Technik, 86*(1–2), 144–148. doi:10.1002/cite.201300005.

Wilcox, J. (2012). *Carbon capture*. NewYork: Springer.

Xavier, K. O., Streekala, R., Rashid, K. K. A., Yusuff, K. K. M., & Sen, B. (1999). Doping effects of cerium oxide on Ni/Al_2O_3 catalysts for methanation. *Catalysis Today, 49,* 17–21. doi:10.1016/S0920-5861(98)00403-9.

Xu, J. H., Chen, X. J., Zhang, S. Y., Chen, Q. Y., Gou, H. W., & Tan, J. R. (2017). Thermal design of large plate-fin heat exchanger for cryogenic air separation unit based on multiple dynamic equilibriums. *Applied Thermal Engineering, 113,* 774–790. doi:10.1016/j.applthermaleng.2016.10.177.

Xu, W., & Scott, K. (2010). The effects of ionomer content on PEM water electrolyser membrane electrode assembly performance. *International Journal of Hydrogen Energy, 35*(21), 12029–12037. doi:10.1016/j.ijhydene.2010.08.055.

Xu, W., & Wang, H. (2017). Earth-abundant amorphous catalysts for electrolysis of water. *Chinese Journal of Catalysis, 38,* 991–1005. doi:10.1016/S1872-2067(17)62810-9.

Yamasaki, M., Komori, M., Akiyama, E., Habazaki, H., Kawashima, A., Asami, K., et al. (1999). CO_2 methanation catalysts prepared from amorphous Ni–Zr–Sm and Ni–Zr–misch metal alloy precursors. *Materials Science and Engineering: A, 267,* 220–226. doi:10.1016/S0921-5093(99)00095-7.

Yang, W., Feng, Y., & Chu, W. (2016). Promotion Effect of CaO modification on mesoporous Al_2O_3-supported Ni catalysts for CO_2 methanation. *International Journal of Chemical Engineerin, 2016,*1–7. doi:10.1155/2016/2041821.

Yu, B., Zhang, W., Xu, J., Chen, J., Luo, X., & Stephan, K. (2012). Preparation and electrochemical behavior of dense YSZ film for SOEC. *International Journal of Hydrogen Energy, 37,*12074–12080. doi:10.1016/j.ijhydene.2012.05.063.

Yu, Y., Jin, G., Wang, Y., & Guo, X. (2013). Synthesis of natural gas from CO methanation over SiC supported Ni–Co bimetallic catalysts. *Catalysis Communications, 31,* 5–10. doi:10.1016/j.catcom.2012.11.005.

Yue, M. B., Chun, Y., Cao, Y., Dong, X., & Zhu, J. H. (2006). CO_2 capture by as-prepared SBA-15 with an occluded organic template. *Advanced Functional Materials, 16,* 1717–1722. doi:10.1002/adfm.200600427.

Zamani, A. H., Ali, R., & Bakar, W. A. W. A. (2014). The investigation of Ru/Mn/Cu–Al_2O_3 oxide catalysts for CO_2/H_2 methanation in natural gas. *Journal of the Taiwan Institute of Chemical Engineers, 45,* 143–152. doi:10.1016/j.jtice.2013.04.009.

Zeng, K., & Zhang, D. (2010). Recent progress in alkaline water electrolysis for hydrogen production and applications. *Progress in Energy and Combustion Science, 36*(3), 307–326. doi:10.1016/j.pecs.2009.11.002.

Zeng, K., & Zhang, D. (2014). Evaluating the effect of surface modifications on Ni based electrodes for alkaline water electrolysis. *Fuel, 116,* 692–698. doi:10.1016/j.fuel.2013.08.070.

Zhenhong, B., Kokkeong, L., & Mohdshariff, A. (2014). Physical absorption of CO_2 Capture: A review. *Advanced Materials Research, 917,* 134–143. doi:10.4028/www.scientific.net/AMR.917.134.

Zhi, G., Guo, X., Wang, Y., Jin, G., & Guo, X. (2011). Effect of La_2O_3 modification on the catalytic performance of Ni/SiC for methanation of carbon dioxide. *Catalysis Communications, 16,* 56–59. doi:10.1016/S1872-5813(17)30002-6.

Zhou, L., Wang, Q., Ma, L., Chen, J., Ma, J., & Zi, Z. (2015). CeO_2 promoted mesoporous Ni/γ-Al_2O_3 catalyst and its reaction conditions for CO_2 methanation. *Catalysis Letters, 145,* 612–619. doi:10.1007/s10562-014-1426-y.